图1.2

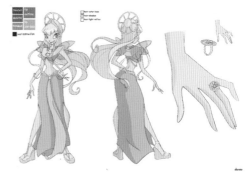

图1.5

图1.7

图2.1

图2.12

图3.13

图7.73

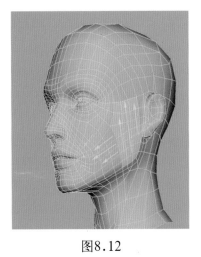

图8.12

图8.132

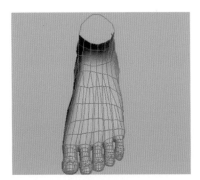

图8.253

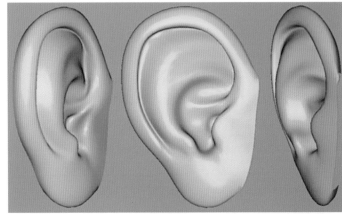

图8.221

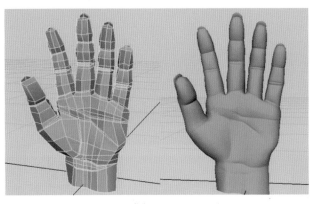

图8.263

图9.7

图9.131

21 世纪全国高职高专艺术设计系列技能型规划教材

角色建模案例教程

主　编　康淑琴　狄　丞
　　　　邓　进　伍福军
副主编　徐名霞
主　审　彭　放

北京大学出版社
PEKING UNIVERSITY PRESS

内 容 简 介

　　角色建模是动画专业的必修课之一，是一门关键的基础课程，在动画专业创作课程中占有举足轻重的位置，它是动画艺术创作过程中的重要环节。本书将带领你学习造型创作的方法与技巧，以掌握一定的影视动画造型制作规律，为以后从事相关工作打下坚实的基础。这个环节的艺术创作工作直接影响到整个动画影片的艺术成就。本书正是帮你解决问题、引你进入全新三维境界的一部教材。

　　本书共分为9个章节，通过实例手把手地教你做出复杂的角色模型：第1章介绍角色建模入门必备的动画角色造型理论；第2章介绍动画角色造型的结构及各部分比例关系等基础理论；第3章讲解角色动画形象的创作思路和过程；第4章讲解卡通角色造型头部建模的方法；第5章讲解卡通角色造型身体建模的方法和步骤；第6章讲解卡通道具建模的方法和步骤；第7章讲解电脑游戏中男性角色建模的方法和步骤；第8章讲解高级写实女性角色建模的步骤和方法；第9章进一步讲解高级角色服装和头发的建模方法。

　　本书可作为高等职业院校动画专业的教学用书，也可供从事动漫行业的相关人员参考使用。

图书在版编目(CIP)数据

角色建模案例教程/康淑琴，狄丞，邓进，伍福军主编. —北京：北京大学出版社，2012.9
(21世纪全国高职高专艺术设计系列技能型规划教材)
ISBN 978-7-301-17466-1

Ⅰ. ①角…　Ⅱ. ①康…②狄…③邓…④伍…　Ⅲ. ①三维动画软件—高等职业教育—教材　Ⅳ. ①TP391.41

中国版本图书馆CIP数据核字(2012)第205652号

书　　　　名：	角色建模案例教程
著作责任者：	康淑琴　狄　丞　邓　进　伍福军　主编
策 划 编 辑：	孙　明
责 任 编 辑：	翟　源
标 准 书 号：	ISBN 978-7-301-17466-1/J · 0454
出 版 者：	北京大学出版社
地　　　　址：	北京市海淀区成府路205号　100871
网　　　　址：	http://www.pup.cn　http://www.pup6.cn
电　　　　话：	邮购部 62752015　发行部 62750672　编辑部 62750667　出版部 62754962
电 子 邮 箱：	pup_6@163.com
印 刷 者：	三河市博文印刷厂
发 行 者：	北京大学出版社
经 销 者：	新华书店
	787mm×1092mm　16开本　13.25印张　彩插1　309千字
	2012年9月第1版　2012年9月第1次印刷
定　　　　价：	35.00元

前　言

伴随着计算机技术、互联网技术以及三维动画技术的跨越式发展，动漫游戏产业带给我们每个人以无限憧憬。纵观全球，欧美、日韩动漫的高度产业化进程，已使动漫产业成为其国民经济的支柱。巨大的市场空间需求，也给中国动漫游戏产业带来了新的发展机遇。

目前，动漫游戏产业人才的数量和质量与世界产业标准的差距还相当大，这也正是我国动漫产业化进程中所遭遇的瓶颈。市场人才的需求，直接促进了中国动画教育的发展势头，全国各地院校纷纷设立了动画专业，有着极其良好的发展前景。但是，由于经济、历史等各方面的原因，我国的动画教育一直缺乏系统科学的专业设置和教学课程安排，以至无法形成完备科学的动画教育体系。教材的水平也直接制约着我国动画教育的发展，教育呼唤一套完备、科学的动画教材的问世。

角色建模是动画专业的必修课之一，是一门关键的基础课程，在动画专业创作课程中占有举足轻重的位置。我们通过学习造型创作的方法与技巧来掌握一定的影视动画造型制作规律，为以后从事相关工作打下坚实的基础。角色建模是动画艺术创作过程中的重要环节。这个环节的艺术创作工作直接影响到整个动画影片的艺术成就。本课程对动画造型及制作的创作要求较高，学习好此门课程不管是对先修课程还是对学生未来的动画学习都有着极重要的影响。本书正是帮你解决问题、引你进入全新三维境界的一部教材。

本书采用循序渐进的方法，从最初角色建模的基础理论开始逐步深入，通过科学、系统的学习与习题中的创作练习来达到提高创作意识的目的，本课程除了学习创作方法与技巧之外，还将改善学习思维方式作为重点，从根本上提高读者的创作意识与能力，以达到最佳的教学目的。

本书共分为 9 个章节，通过实例手把手地教你做出复杂的角色模型：其中第 1 章介绍角色建模入门必备的动画角色造型理论；第 2 章介绍动画角色造型的结构及各部分比例关系等基础理论；第 3 章讲解角色动画形象的创作思路和过程；第 4 章讲解卡通角色造型头部建模的方法和步骤；第 5 章讲解卡通角色造型身体建模的方法和步骤；第 6 章讲解卡通道具建模的方法和步骤；第 7 章讲解电脑游戏中男性角色建模的方法和步骤；第 8 章讲解高级写实女性角色建模的步骤和方法；第 9 章进一步讲解高级角色服装和头发的建模方法。

本书有如下特色：

(1) 可读性强：通俗易懂的语言和详细明确的图示，可有效减轻读者学习专业性书籍的枯燥感。

(2) 内容全面：本书讲解了主流的卡通角色建模、写实角色建模、游戏角色建模以及角色服装、道具、毛发的建模方法和步骤，内容全面。

(3) 实用性强：书中的角色建模范例是非常有针对性、典型性的作品，并且全书对建模种类和方法都有深入的分析和讲解，使读者能将方法广泛运用于其他角色模型的制作上，举一反三。由于篇幅的限制，本书无法涵盖所有的角色建模知识，所以选取的是最典型、最具代表性的建模实例，相信读者能够将所学知识灵活运用到以后的各种角色模型制作中去，并通过学习获得良好的角色建模基础。

教学建议：

角色建模是一门实践性很强的课程，因此教师在教学中要力求达到以下要求。

(1) 建模创作训练：配合课程讲授的内容需要读者进行大量的实践练习，熟练掌握各种计算机软件的使用技能，并进行动画造型和角色设计及制作的创作练习。

(2) 作业习题：运用已掌握的内容进行实践练习与创作，巩固知识重点，加强学习内容，培养创作能力。

读者应掌握的基本知识理论有：

(1) 通过学习和了解不同种动画角色的基本结构，掌握骨骼肌肉的比例和造型的变化。

(2) 角色建模的典型工作流程。

读者应掌握的基本技能有：

(1) 角色建模的基本原理。

(2) 角色建模的具体创作步骤。

(3) 角色建模的技术表现形式。

本课程定位为动画专业高年级的专业主干课程。在上本课程之前需要掌握动画素描、人体解剖等基础课程，原画设计、三维基础等课程也应开设在本课程之前。后续课程应有角色动画等。

值此《角色建模案例教程》出版之际，我们向参加本书编写、审定的专家表示感谢！

另外，本书在编写过程中还查阅了大量网站，恕不一一列举，在此谨向有关人员表示诚挚的感谢！同时，我还要对从事动画教育的老师和前辈们表示敬意，对关注动画行业发展的同仁表示感谢。由于时间紧迫，书中难免有疏漏之处，希望广大读者朋友、专家、同行批评指正。

编　者

2012 年 3 月

目 录

第1章

动画角色造型概论

技能点

1. 动画角色造型设计的实质
2. 动画角色造型设计在影片设计中的重要地位
3. 动画角色造型的结构特点

说明

通过本章的学习，学生应了解动画角色造型设计的重要性，理解动画角色造型的体格特点，理解动画角色造型的独特性，并运用其进行创作。

1.1　动画角色造型设计概述

对于现代角色造型设计，迄今为止还没有比较明确的结论，但业界的许多设计人士把它统归到 CG 设计中，使其成为了一个产业，一个在未来有极大发展前途的产业。对于这一点，国外的现代角色设计已经"走"得很远了，而中国才刚刚起步。角色造型设计的实质是一种人物设计，其最大的载体是动漫片、电影电视片和游戏网络，每年因角色设计所创造的动漫、电影和网络游戏，都有着巨大的经济效益和文化影响，并成为许多发达国家的支柱产业之一。可以说，现代角色设计的发展已经成为了一个国家信息产业、娱乐产业发达与否的重要标准，也是一个国家物质富足的表现。

动画片中的角色造型设计在整个动画片中占有极为重要的地位。一部好的动画片只有有了好的人物形象才能充分表达出故事情节和人物性格。好的动画造型不仅具有艺术性，而且具有商业性，例如，米老鼠和唐老鸭，它们已经成为商业运作的媒介和形象代言，与好莱坞的任何一位明星相比都不逊色。可见，好的角色设计对一部动画片来说是多么的重要。

中国曾经有过十分优秀的动画片在国内外享有较高的声誉，例如，《大闹天宫》、《哪吒闹海》(图 1.1 和图 1.2)，其造型设计和动作设计方面不逊色于同一时代的迪斯尼动画片。尤其在造型方面，它既不同于迪斯尼的造型风格，又不同于日本动画的造型风格，是一种带有中国特色和民族个性的风格。我们再来看看另一部优秀的动画片《三个和尚》(图 1.3)。《三个和尚》无论从造型设计还是动作设计方面都与前面介绍的两部动画片在风格上有很大的差异，但这部动画片同样取得了极大的成功。《三个和尚》非常具有民族特色，这可以从它的故事取材(一句古老的中国俗语)、故事环境的界定、音乐的配置和叙事手法上看出。无论在场景造型还是在人物造型上，它不像《大闹天宫》、《哪吒闹海》等动画片的人物造型那样复杂，但都具有强烈的个性。

图 1.1

图 1.2

图 1.3

　　成功的人物角色首先必须拥有属于自身特性的形体比例造型，角色形体由标准的人体造型、人兽合体、植物体、机械体和异形体组成，我们可以根据角色的特性进行选择和创造。当然，角色设计的重点在于角色的灵魂表现，可以通过表情、肢体语言、服饰和光影组成来综合表现。面部表情是角色性格的"晴雨表"，喜、怒、哀、乐统统表现在脸部的刻化上。肢体语言对角色的灵魂塑造来说主要体现在以手势的造型变化和人体行动中的动作姿势上。但是，对于角色而言，特别是虚拟世界中的角色而言，服饰造型的描绘对性格的体现是最为重要的。在各种动漫作品和各类网络游戏中，角色往往在面部表情和肢体语言上没有太大的变化，而最大的区别则在于变化服饰的造型来体现角色心境的变化和性格的特点，对此无论角色服饰是西方特色的服装还是东方样式的着装，无论是新潮的还是仿古的，只要服饰的表现能充分描述出人物的内心情感和精神世界就可以。而对于角色光影的塑造来说，这只是一个性格展现的辅助手段，虽然如此，但光影的变化也带给了角色分明的性格特点。也就是说，光影的最大影响者是观看角色形象的人，深浅、浓淡的光影变化使观者能更好地了解角色的特性和角色的情感变化。因而，光影的处理手法是角色性格塑造中非常行之有效的辅助手段。

1.2　角色造型特点分析

　　角色设计的最基本步骤就是人体造型，如何创造一个成功的人物角色，人体造型和比例是首先要解决的。

1.2.1　角色造型体格分析

　　男性的身体是力量的表现，从整体形态以及比例搭配上来看，男性躯体是"直线"的象征性形体，标准男性身体如图 1.4 所示。我们从男性的头顶到脚跟安排两个定位点，再等分为 8 份，头部占据一份，而男性肩部的宽度约占 2 个头长，下颌到两乳间为一个头长。分别从背、正、侧三个方面来描绘男性人体时，要注意比较肩部、臀部和腿肚的宽度。两乳头之间的距离是一个头宽。腰部宽度略小于一个头长，手腕的部分恰好垂直于大腿根的平面稍下，双肘大约位于肚脐的水平线上。整个男性人体造型，由肩部、胸部到腰部形成了一个明显的"倒三角形"，这是男性身体造型的典型特点。在角色设计中，往往都会夸大这个特点，甚至出现头部、臀部缩小，肩部和胸部扩大的造型比例。这样的男性人体比例大多描绘的角色为力量与智慧相匹配的正面英雄人物。

　　相对于男性强壮的块面肌肉体格造型，女性的躯体相对显得柔弱一些。在通常的女性躯体表现中往往以曲线造型进行概括，而男性则以直线造型来表现。如图 1.5 所示，女性的身体较窄，其最宽部位是两个头宽。乳头比男性的稍低。腰部的宽度是一个头长。大腿正面比两腋部位宽，后面则稍宽于两腋部位，小腿的长度则可以自由变化。5 尺 8 寸是女性人体造型比例的标准高度。当然，事实上女性通常有较短的小腿和稍粗的大腿。

图 1.4　　　　　　　　　　　　　　　　　　　　图 1.5

　　实际生活中的女性人体，肚脐位于腰线稍下的位置，男性肚脐在腰线上方或与腰的位置平齐。女性人体比例在肩部显然比男性的窄，但臀部的宽度略小于肩部，使女性的肩部、腰部到臀部形成了完美的曲线，这是女性人体比例的重要特点。在现代角色设计中，女性角色的出场率远远高于男性，无论是正面的还是反面的，这些角色都尽可能地表现出女性的柔媚和性感，为了达到这一点，往往会缩小腰部的宽度，而加大臀部的宽度，使其与肩部同宽或者更宽。同时，还会拉长腿部的长度，显出人体的高挑。

　　随着年龄的不同，人的形体造型会发生巨大的变化。在生长变化的过程中，男性人体造型中肩部肌肉会明显地变宽变大，各部分的肌肉都会日趋发达，使男性肌体表现出凸凹有致的块状特征，如图 1.6 所示；而女性躯体在肩部、胸部、腰部与臀部的肌肉变化很大，这会使女性的躯体曲线更为明显。以男性躯体的不同年龄阶段造型为例，一般来说，身体会随着年龄的增长而迅速长大，而头部的生长变化则相对较为缓慢。通常情况下头部的生长从 1 岁到成年后只增长了 3 寸左右。而腿部的增长几乎为躯干增长的 2 倍。因此，十岁以下的儿童显得头大躯体小，一副天真可爱的样子，所以在大多数的动画设计中，儿童的造型比例要画得比正常的比例还要圆一些、夸张一些，以此突出儿童可爱的一面。而十岁以上的儿童处于一个茁壮成长的时期，因此在动画表现中往往要把这段时期的孩子画得比正常的高大一些，表现出一种朝气蓬勃的感觉。

图 1.6

　　如图 1.7 所示，正常人的比例为 7 个半头高，我们大多数人体绘画采用这种比例，虽然是标准结构造型，但这样的造型会给人带来矮胖的感觉，并不令人满意。因此，许多动画师为了加强人体的美感，就拉长了人体的高度，创造出理想中的人体高度为 8 个头高和 8 个半头高的比例造型，这是大多数艺术家最欣赏的人体比例。而在角色设计中，却可以出现 10 个或 11 个头高的人体比例造型，虽然这些造型是不符合实际情况的，但却更加显现出角色的个性和外形特点，使我们塑造的角色更显得英武不凡。

图 1.7

1.2.2 角色造型的独特性

动画只有在准确、生动、优美的造型中才能赋予角色以各种不同的性格和气质，从而使他们成为鲜活的形象。动画角色设计特点之一就是人物造型的独特性。《大闹天宫》中的主角孙悟空的造型取材于中国的传统文化，设计师想象力丰富，手法大胆夸张，广泛吸收了中国传统艺术中民间木刻、剪纸、京剧艺术装饰风格以及古代绘画，做到了寄深意于幻想的形式之中，寓褒贬于形象的刻画之中，最终形成了"拙朴、古趣、厚重，有美感、有性格、有活力"的艺术特点，表现了家喻户晓的孙悟空，使这一形象跃然银幕，化无形为有形，挖掘出了各种艺术表现手段、具有鲜明的民族风格和精湛的艺术技巧。1983 年《大闹天宫》在法国公映时，《世界报》就曾这样评价："《大闹天宫》不但具有一般美国迪斯尼作品的美感，而且造型艺术又是迪斯尼艺术所做不到的，即它完美地表达了中国的传统艺术风格"[①]。

从整个形象来看，孙悟空是十分惹人喜爱的，他的面貌、衣着、动作与性格和人们心目中的形象相吻合。孙悟空的外形和内在品质合二为一，"猴、神、人"三者的特点相统一。设计师在漫画《西行漫记》中孙悟空造型的基础上借鉴京剧脸谱、民间版画等传统艺术进行动画整合，完成了这个头戴软帽、脸谱为倒置的仙桃、长腿细胳膊、腰围虎皮的孙悟空形象。孙悟空是猴，具有猴的机灵活泼的特征；是神，具有人所不能有的变身的本领；又是人，具有现实生活中正直的人们的高贵品质。在这三种特征的融合下，孙悟空爽朗坦率，光明磊落，甚至有一种天真活泼的稚气。因此，观众就看到了一个喜闻乐见的"爽朗坦率、光明磊落、神通广大、英勇不惧"的孙悟空形象[②]。

值得注意的是，在《大闹天宫》中，角色的造型和色彩体系的依据都来自于中国戏曲的国粹——京剧。它的造型更是博采众长，从古代的铜器、漆器等出土文物中、从敦煌壁画、民间年画、庙堂艺术以及印度绘画中汲取灵感，使得作品具有特定历史和地域的风貌，给作品增加了浓重的中国风味。特别值得一提的是，利用人物脸谱的虚拟化手段来表现人物形象是京剧的一大特色，《大闹天宫》的设计师就是以传统艺术为参照，借鉴京剧的这一表现手段，运用到人物造型设计，起到了一定的艺术效果，这也正如张光宇在《试谈美术片的美术》所说的"在动笔的同时还要运用戏剧的手法为演员创造出性格。首先是开脸，注意它的眼睛以及眉宇间的善良或是邪恶；鼻形与口形的美与丑的构法，也能左右性格。其次是塑造全身的形状，分别肥瘦长短，然后可以从线条的变化中，表现出正直和狡猾的性格，再加上动作，就能成为有生命的东西了。"在《大闹天宫》中，为了突出孙悟空"猴、神、人"三者特点的统一，设计师特别在面部采用传统戏剧脸谱设计，通过表现戏剧性格的虚拟化装饰线条勾勒出来，而孙悟空自封"齐天大圣"时一身武官服饰，头插锦羽的扮相同样出自戏曲舞台。这些都生动地突出了这个具有人的性格、猴的机灵和神的威力的形象特征，收到了很好的艺术效果，也使观众既能找到猴子身上的机灵活泼，又能领略其通形变身的神通，还能感受其爱恨鲜明的人性光芒，从而产生审美乐趣(图 1.8～图 1.11)。

---

① 孙立军，马华. 影视动画影片分析[M]. 北京：中国宇航出版社，2003.

② 范钟离. 投石问路《宝莲灯》——访动画片导演常光希[J]. 电视艺术. 2000(1).

图 1.8

图 1.9

图 1.10

图 1.11

本 章 小 结

　　现代角色造型设计，在中国才刚刚起步。角色造型设计的实质是一种人物设计，其最大的载体是动漫片、电影电视片和游戏网络，现代角色设计的发展已经成为了一个国家信息产业、娱乐产业发达与否的重要标准，也是一个国家物质富足的表现。动画片中的角色造型设计在整个动画片中占有极为重要的地位。成功的人物角色首先必须拥有属于自身特性的形体比例造型，角色形体由标准的人体造型、人兽合体、植物体、机械体和异形体组成，我们可以根据角色的特性进行选择和创造。当然，角色设计的重点在于角色的灵魂表现，可以通过表情、肢体语言、服饰和光影组成来综合表现。动画角色设计特点之一就是人物造型的独特性。

习 题

名词解释

1. 现代角色造型设计
2. 人兽合体造型
3. 京剧艺术

简答题

1. 动画角色造型具有哪些体格特征？
2. 如何设计具有民族特点的动画角色形象？
3. 什么是中国的传统艺术风格？

第2章

动画角色造型的结构及各部分比例关系

技能点

1. 角色造型的基本结构关系
2. 角色造型的基本比例关系
3. 设计动画角色造型时常用的几种造型手法

说 明

通过该章的学习，学生应了解动画角色造型的基本结构形态、不同类型动画角色的比例关系，理解动画角色造型中的常用造型手法。

动画角色设计艺术造型中的人体比例往往超乎寻常并带有极端的夸张性。我们要想赋予人物鲜明的外形特征，不仅要进行局部的夸张变形，同时要进行整体的改造处理，以创造出一种新的造型，如图 2.1～图 2.4 所示。

图 2.1

图 2.2

图 2.3

图 2.4

不同的角色人物比例造型分别具有以下几个特点。

(1) 钝圆形结构。如图 2.5 所示，图中的人物，属于变形的比例造型。整个人体构造由钝圆形构成，脖子部位缩短得较多，以至没有脖子，腰部粗壮，身体的划分省略了正常人体腰部的特征，使整个体形融合成了一个大的钝圆形。由此看出图中的人物实质上是一个圆与圆相接的构成造型，这样的角色人物，多数性格中透露着可爱憨厚或者是奸险凶恶。图中的人物就属于可爱的角色。

(2) 圆形、方形、三角形、圆弧形等结构。人体造型虽然在自然界中算得上是复杂的生物造型，但也可以由简单形进行概括。椭圆形就是较为常见的一种。而其他的几何形如三角形、圆形、方形、圆弧形等，都可以用来表现角色人物的体态造型。如图 2.6 中所描绘的角色，三角形描绘了年老的人物形象，方形描绘的是性格古板的人物，不懂得周全；圆弧形的人要么内心阴暗、偷偷摸摸，要么高傲、不可一世；半圆形造型表现的是大腹便便。波浪形造型则表现的是扭扭捏捏的一副神态，不可一世。除此之外，图 2.7 中，这样的形态所展示出的是可爱憨厚、活泼天真的人物性格。

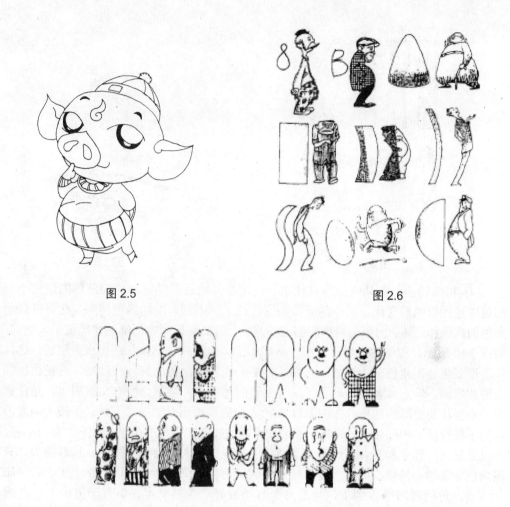

图 2.5　　　　　　　　　　　　图 2.6

图 2.7

(3) 长度错位。长度错位是人体造型变化中的另一种表现手法。就是对一个平面或者一条直线上的人体各大部位造型的位置发生移动，以及人体一些部位的长或宽发生变化，从而打破原有的人体造型比例。在角色设计中，错位和伸缩有时可以同时表现在同一个人物上，以此塑造特有的躯体艺术，如图 2.8 和图 2.9 所示。图 2.8 中是错位的人体造型表现，可以看出，原本是在一个平面上的部分——头部、腰部和下肢发生了位置移动，出现了不同形态的人物，有的卑微、有的高傲、有的放松、有的裹紧身体。错位的变化无疑是将各部分进行上、下或左、右的移位变化。而图 2.9 则是伸缩的变化处理，图中的人物造型是典型的伸缩处理。人体的四肢都进行了极度的拉伸，而手掌的宽度也拉大了，再加上一定的视觉表现，使手掌的尺度看上去大过了头部。整个人体的极度变形预示着角色人物的性格扭曲或是因遭遇到什么不幸，使身体和心灵都发生了不可思议的变化，这样的处理手法在角色设计中基本上都是描绘反面人物的必备手法之一。

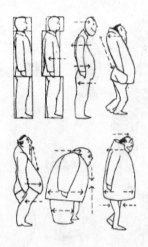

图 2.8   图 2.9

　　(4) 粗细转换。在动画角色设计中，无论是人物还是动物，他们肢体的任何一个局部都可以进行粗细的变化、大小的夸张，这样的手法不像前面的错位伸缩变化可以预示人物角色的性格和好坏。由粗细转换所创造的角色，需要其他内容的辅助才能显示人物的个性，如图 2.10 所示。图中的人物，头部显然缩小了，而四肢和躯体却变得极为粗壮，这样的人体造型变化显出角色是力量型的人物，但是不能表现出他的好坏和性格，这是由他的五官表情和服饰、动态来表现的，有了这些元素的加入，人物顿时变有血有肉了，角色被定性为一个强壮而憨厚的性格。在图 2.11 中，人物的头部相对加大了一些，但最为明显的是人体的下肢被拉长和细化了，其细化程度使人物的腿部失去原有的造型比例，显得非常纤细。不仅是腿部，连手和身体部分都有了细化的表现。从人体造型上来说，这样的人体只能表现角色非常娇小纤瘦、婀娜多姿，却不能表现角色的个性和善恶，但加上了表情、服饰和动态后，角色就可以定性了，她是一个容貌姣好、性格歹毒，集万千美艳于一身的女妖形象。

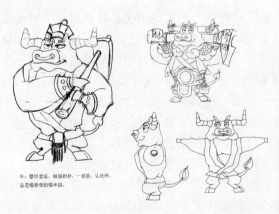

牛：憨厚老实，倔强扰朴，一根筋，认死理，
总是慢吞吞的慢半拍。

图 2.10   图 2.11

(5) 儿童形体的特征。无论是动画片、漫画、电影、电视，还是电子游戏，儿童都是动漫世界的最大支持者。为了博得孩子们的喜爱，设计师们竭尽全力设计出让孩子们喜欢的人物造型。其中，将动画人物的体态完全设计成儿童的身体比例，也是角色设计中常见的一种。

如图 2.12 所示，这种表现手法就是将原来的成人形象用儿童的形体进行描绘和变形。角色的高度为 4 个头长，身体各个部分都相对比成年人的要短小，但头部的比例却大于成年人头部与身子的比例。所以，角色就显得"头大身子小"了。这样的造型虽然简单，并且结构明了，但将成年人、甚至是老人的体型变成孩子，也属于角色设计中一种奇特的人物形象。这样的例子举不胜举。例如，动画片《白雪公主和七个小矮人》中七个小矮人就是将老年人的形体以孩子的身体比例加以代替，赋予角色特有的可爱，成为了世界知名的动画人物形象。角色儿童特征化的基本人体造型比例变化大致分为五种，分别为：

(1) 人体的胸部变得较小，而腿部的外形(包括服饰在内)变大，身体形成了一个三角形，如图 2.13 所示。人物的头部依然像孩子一样占据了身体比例的 1/3，但从胸部以下开始，整个造型形成了一个三角形。

(2) 人体的肚子部分与臀部之间变得较大，而腿部到脚却急剧变细和收缩，脖子被忽略，如图 2.14 所示。该角色是生肖牛的一个人物造型，角色显得亲切可爱。

(3) 将人体的躯体部分略放宽、缩小或保持原有比例，但手臂和腿部则显得略加细长，如图 2.15 所示，角色应该属于成年人的形体，而头部却占据了整个比例的 1/3，躯体部分则略微缩小，四肢长而细。

(4) 儿童形态转换最能体现儿童特征。人体的腰部粗胖，四肢则具有婴儿形体比例的特征——圆且胖，如图 2.16 所示，人物是猴王的形象，该形象充分体现了婴儿期的猴王那可爱的一面，胖乎乎，圆滚滚，确实招人喜爱。

(5) 另类形体造型也较能体现孩子的天真无邪。这类造型的特点是脖子细、手臂和腿部的造型成平行线的形状，而躯体部分仍然保持圆的造型，只是肩部和胸部略显得小了一些。图 2.17 运用儿童形体特征创作角色，无论描绘的对象是儿童还是成年人，甚至是老年人，或者是动物，这样的形象都有一个大大的头部，同时，身体的比例大多是 3～4 个头高。整个人体比例造型显得可爱和天真，这就是儿童形体特性的转变特征。

图 2.12

图 2.13   图 2.14   图 2.15

图 2.16   图 2.17

本 章 小 结

　　动画角色设计艺术造型中的人体比例往往是超乎寻常并有极端的夸张性。我们要想赋予人物鲜明的外形特征，就不仅要进行局部的夸张变形，同时要进行整体的改造处理，创造出一种新的造型。几种不同的角色人物比例造型，分别具有不同的特点。动画角色造型中常用的手法有长度错位、粗细转换、形体儿童化等方法。

习　题

名词解释

1. 钝圆形结构
2. 粗细转换手法
3. 长度错位

简答题

1. 动画角色造型有哪些基本创作手法？
2. 长度错位手法是如何在动画角色造型设计过程中运用的？
3. 如何创建儿童体形？

第3章

角色动画形象的
创作思路和过程

技能点

1. 运用多种建模方法建立模型
2. 使用 Cloth 模拟连衣裙
3. 使用多边形建模制作仿古椅子和小提琴
4. 使用 Hair and Fur 毛发系统为角色创建头发模型

说明

在本章中将通过创作实例给大家展示角色动画形象的创作思路和流程。

3.1 案例一《音乐课》

图 3.1 狄丞 CG 插画《音乐课》

图 3.1 中所展示的三维静态作品是编者之一的作品《音乐课》，这幅作品是编者向美国油画大师萨金特致敬的作品。由于喜欢萨金特油画中的光与色，特别是他室内肖像作品(图 3.2)中体现出对印象派的色彩关系的影响，让编者着迷，因此萌生了使用三维软件创作一幅油画风格插画的念头。

图 3.2 萨金特 肖像

　　考虑好主题(表现一位正在聆听老师讲课的小女孩),绘制好插画的草图以后,就可以开始着手创作。

　　(1) 使用主流的 POLYGON 建模方法,在 3ds max 软件中建立角色模型,如图 3.3 和图 3.4 所示。

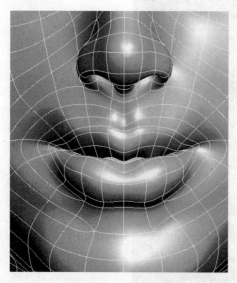

图 3.3　狄丞　角色模型 1

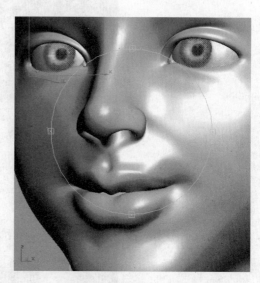

图 3.4　狄丞　角色模型 2

　　(2) 建立角色连衣裙的初始状态,如图 3.5 和图 3.6 所示。

图 3.5　狄丞　服装初始模型 1

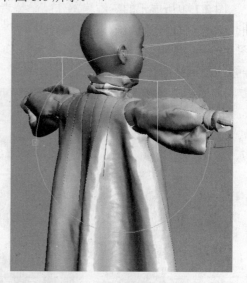

图 3.6　狄丞　服装初始模型 2

　　(3) 使用 Hair and Fur 毛发系统为角色创建头发模型,如图 3.7 所示。

图 3.7　狄丞　头发模型

(4) 使用多边形建模制作仿古椅子，如图 3.8 所示。

图 3.8　狄丞　椅子模型

(5) 使用多边形建模制作小提琴，如图 3.9 所示。

图 3.9　狄丞　小提琴模型

(6) 给人物绑定骨骼以及设定动作后，使用 Cloth 模拟连衣裙跟随人物坐下的状态，如图 3.10 所示。

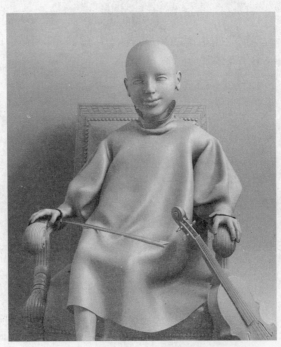

图 3.10　狄丞　角色服装动态解算后的状态

(7) 设定场景灯光并赋予材质，然后测试材质渲染效果，如图 3.11 和图 3.12 所示。

图 3.11　狄丞　皮肤材质测试

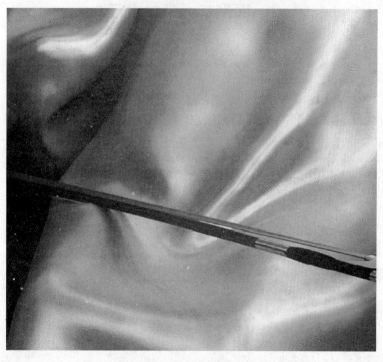

图 3.12　狄丞　丝绸材质测试

(8) 最终渲染，结果如图 3.13 所示。

图 3.13　狄丞　最终渲染效果(局部)

3.2　案例二《森林之王》

知识点：

(1) 运用多种建模方法建立模型。

(2) 使用 Photoshop 绘制皮肤。

(3) 使用 Hair and Fur 毛发系统为角色创建头发模型。

图 3.14　康淑琴　CG 插画《森林之王》

图 3.14 中所展示的三维静态作品是编者之一的作品《森林之王》，这幅作品是编者对大自然生灵的描绘。制作之前编者参看了众多图片，希望把狮子的雄壮和英姿完美地展现出来。

考虑好主题，绘制好插画的草图以后，就可以开始着手创作了。

(1) 首先，使用主流的 POLYGON 建模方法，在 3ds max 软件中建立角色模型(图 3.15)。

图 3.15 康淑琴 角色模型

(2) 接着绘制角色皮肤(图 3.16 和图 3.17)。

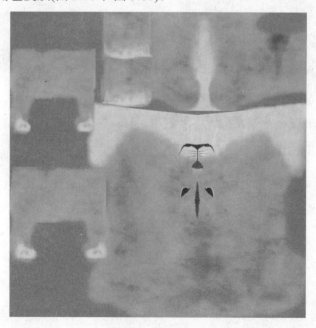

图 3.16 康淑琴 角色皮肤 1

图 3.17　康淑琴　角色皮肤 2

(3) 给角色绑定骨骼(图 3.18)。

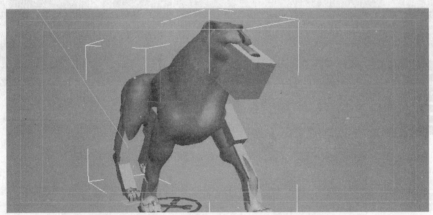

图 3.18　康淑琴　角色骨骼

(4) 使用 Hair and Fur 毛发系统为角色创建毛发模型(图 3.19)。

图 3.19　康淑琴　角色毛发

(5) 使用 Dreamscape 为角色创建场景(图 3.20)。

图 3.20　康淑琴　场景

(6) 最终合成效果(图 3.21 和图 3.22)。

图 3.21　康淑琴　最终效果(1)

图 3.22　康淑琴　最终效果(2)

本 章 小 结

本章着重介绍了完整的三维角色动画形象的创作思路和流程，从下一章开始，本书将以多个实例详细讲解角色建模的方法和步骤。

习 题

名词解释

1．三维静帧
2．骨骼绑定
3．建模

简答题

1．角色动画形象的基本创作流程是什么？
2．在 3ds max 软件中主要运用什么命令制作角色头发模型。简述其主要操作步骤。
3．请区分"位图"和"矢量图"？

第4章

卡通角色造型的头部建模

技能点

1. 从简单对象创建各种各样的器官图形
2. 变换可编辑多边形子对象来微调模型外形
3. 在需要的地方插入顶点以增加分辨率

说明

　　本章介绍如何对您在如今视频游戏中看到的相似卡通角色建造模型，介绍各种以"标准基本体"开始的建模技术，即使用简单的球体、柱体等来建造模型。使用此创建方法几乎可以建造任何东西的模型。在本章还将介绍如何利用"可编辑多边形"对象和"编辑多边形"修改器。

在本课程中，通过使用简单球体等基本体为卡通角色创建头部，然后将该球体转换为"可编辑的多边形"对象，并使用子对象(如顶点、边和多边形)开始塑形头部。

创建球体基本体的步骤如下。

(1) 从"创建"菜单上，选择"标准基本体"→"球体"。

(2) 创建要用作头部的球体。将"分段"设置为 16 个单位，将"半径"设置为约 33 个单位。不必设置得太精确，稍后还会调整此球体的内部组件，如图 4.1 和图 4.2 所示。

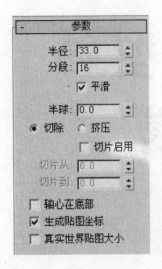

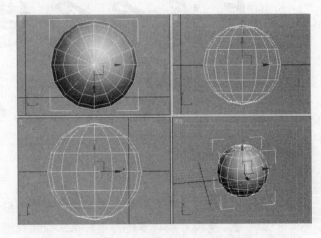

图 4.1   图 4.2

(3) 右键单击球体，然后从四元菜单中选择"转换为"→"转换为可编辑多边形"。

(4) 使用 ⬚ 缩放工具，在前视图沿 Y 轴调节球体造型，如图 4.3 所示。

(5) 进入"顶点"层级，使用 ✛ 移动和 ⬚ 缩放工具对模型进行造型，如图 4.4 所示。

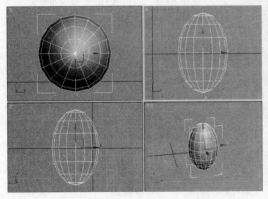

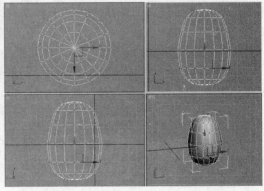

图 4.3   图 4.4

(6) 进入"顶点"层级，选择如图 4.5 所示的点。

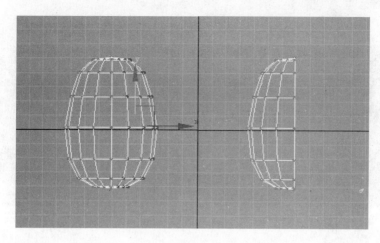

图 4.5

(7) 使用 镜像工具，选择"镜像轴"为"X"轴，"克隆当前选择"为"实例"方式，制作出另外一半，如图 4.6 所示。

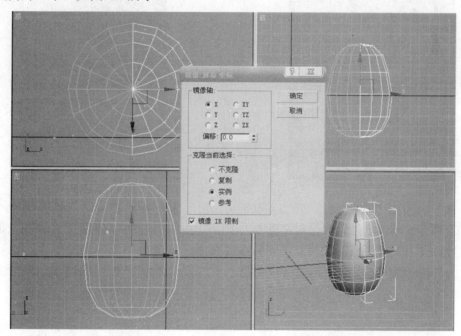

图 4.6

(8) 在前视图，选择一边模型，进入"顶点"层级，使用"切割"命令切割出两条线，作为卡通角色嘴巴造型，如图 4.7 所示。

(9) 进入"顶点"层级，调节"嘴巴"处各点的位置，如图 4.8 所示。

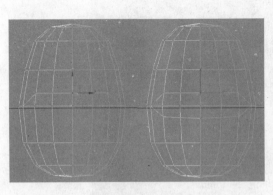
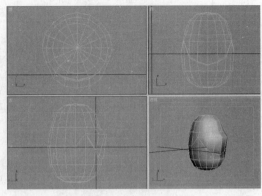

图 4.7   图 4.8

　　(10) 在左视图，选择一边模型，进入"顶点"层级，使用"切割"命令切割一条线，如图 4.9 所示，且调节各点的位置，如图 4.10 所示。

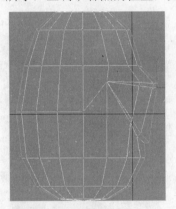

图 4.9   图 4.10

　　(11) 在左视图，选择一边模型，进入"顶点"层级，使用"切割"命令切割一条线，如图 4.11 所示。且调节各点的位置，如图 4.12 所示。

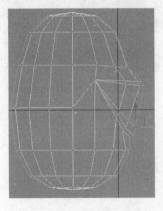
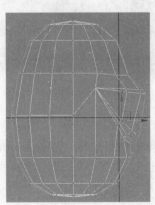

图 4.11   图 4.12

(12) 在左视图，选择一边模型，进入"顶点"层级，在上一个操作的基础上，继续使用"切割"命令切割两条线，如图 4.13 所示，且调节各点的位置，如图 4.14 所示。

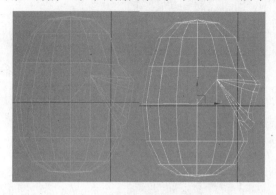

图 4.13

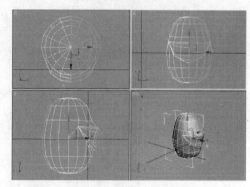

图 4.14

(13) 进入"顶点"层级，使用"切割"命令，对嘴巴部分的布线进行细分(使给卡通角色设置骨骼的时候能进行很好的运动，没有模型变形出现)，如图 4.15 所示。

(14) 进入"多边形"层级，选择"多边形"，沿"X"轴执行"挤出"命令，效果如图 4.16 所示。

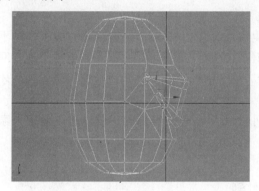

图 4.15

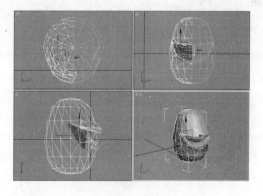

图 4.16

(15) 在"多边形"层级，选择如图 4.17 所示的"多边形"，删除，结果如图 4.18 所示。

图 4.17

图 4.18

(16) 调节各点位置，如图 4.19 所示，然后根据需要使用"切割"命令布线。

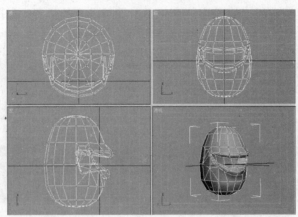

图 4.19

(17) 将文件保存为"头部.max"。

本　章　小　结

这样，一个类似鸡蛋的卡通角色的头部(也可以说包括身体在内)就制作完成了，是不是很简单？希望大家对建模这个看似枯燥的制作有兴趣，这个可是大家看到电视上或者网络上那些可爱的、活蹦乱跳的三维角色的开始。只有掌握了扎实的角色建模的基本功，才能制作出一个个鲜活的角色造型。

在第 5 章，我将继续讲解这个可爱的"小蛋蛋"角色的身体的建模过程。敬请大家期待。

习　　题

名词解释

1. 多边形
2. 切割
3. 建模

简答题

1. 谈谈您对卡通角色的认识。
2. 什么是"可编辑多边形"建模方法？
3. 3ds max 软件中有多少个"标准基本"它们分别是什么？

第5章

卡通角色造型的身体建模

技能点

1. 从简单对象(如，球形挤出图形)创建各种各样的器官图形。
2. 变换可编辑多边形子对象来微调模型外形。
3. 在需要的地方插入顶点以增加分辨率。

说明

本教程介绍如何对您在如今视频游戏中看到的相似卡通角色建造模型。您将会研究各种以通常称为"标准基本体"开始的建模技术，即使用简单的球体、柱体等来建造模型。使用此创建方法几乎可以建造任何东西的模型。

还可以广泛利用"可编辑多边形"对象和"编辑多边形"修改器。在某些情况下，会使用"对称"修改器帮助采用建模方法。实际上，您能能够采用简单和快速方式对任何角色进行建模。

5.1 卡通角色身体四肢的制作

本节将在第 4 章建立模型的基础上,继续制作"多边形"造型卡通角色的手脚及眼睛、舌头等部分,并使用子对象(如顶点、边和多边形)对造型进行准确调节。

5.1.1 制作卡通角色的手臂

(1) 打开第 4 章制作的"头部.max 文件"。

(2) 进入"多边形"层级,选择如图 5.1 所示的面,然后选择"插入"命令。

(3) 进入"顶点"层级,使用"切割"命令,对此处布线进行细化分割,并且使用移动工具调节各点位置,如图 5.2 所示。

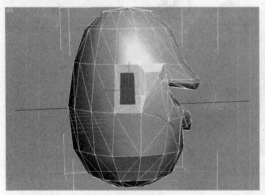 

图 5.1 图 5.2

(4) 进入"多边形"层级,选择如图 5.3 所示的面,使用"挤出"命令挤出手臂部分。

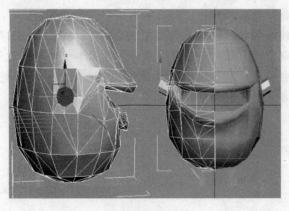

图 5.3

(5) 使用 ✥ 移动和 ↻ 旋转工具调节挤出部分造型,如图 5.4 所示。

(6) 继续在"多边形"层级,使用"挤出"命令挤出手臂部分,并且使用 ✥ 移动和 ↻ 旋转工具调节挤出部分造型,最后手臂部分的完成效果,如图 5.5 所示。

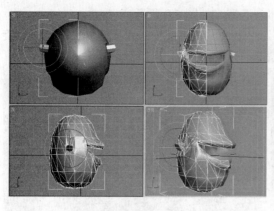
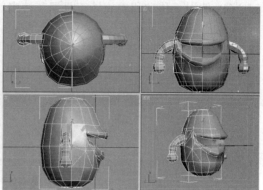

图 5.4　　　　　　　　　　　　　　　　　图 5.5

5.1.2　制作卡通角色的腿脚

(1) 进入"边"层级,选择如图 5.6 所示的边,单击鼠标右键,选择"删除"。

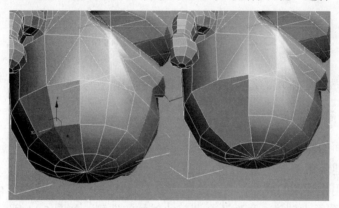

图 5.6

(2) 进入"多边形"层级,选择面。使用"插入"命令进行操作,如图 5.7 所示。

(3) 进入"多边形"层级,选择面。使用"挤出"命令挤出腿脚部分,如图 5.8 所示。

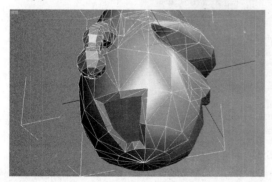
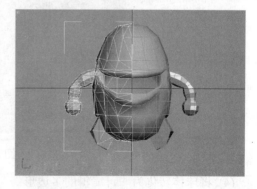

图 5.7　　　　　　　　　　　　　　　　　图 5.8

(4) 使用✛移动和↻旋转工具调节挤出部分造型，如图 5.9 所示。

(5) 继续在"多边形"层级，使用"挤出"命令挤出腿脚部分，并且使用✛移动和↻旋转工具调节挤出部分造型，最后腿脚部分的完成效果，如图 5.10 所示。

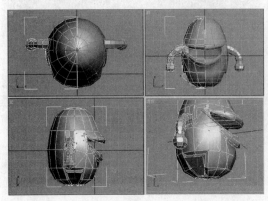 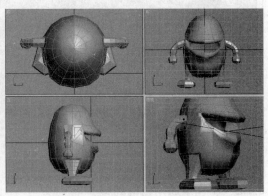

图 5.9   图 5.10

5.2 卡通角色五官的制作

本节将使用放样等基本的造型手法为卡通角色制作五官。

5.2.1 制作一个简单的耳朵

(1) 继续上面的操作。

(2) 从"创建"菜单上，选择"标准基本体"→"球体"。

(3) 创建要用作耳朵的球体。将"分段"设置为 16 个单位，将"半径"设置为约 4.3 个单位。不必设置得太精确，稍后还会调整此球体的造型，如图 5.11 所示。

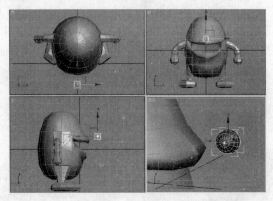

图 5.11

(4) 将球体转化为"可编辑的多边形"。

(5) 在顶视图，在球体上使用▣缩放工具，沿"X"轴收缩球体，如图 5.12 所示。

图 5.12

(6) 使用 ✥ 移动和 ↻ 旋转工具，调节球体的位置，如图 5.13 所示。

(7) 使用 ▷ 镜像工具，复制出另外一个球体作为另一侧的耳朵，"镜像轴"为"X"轴，"克隆当前选择"设置为"实例"，如图 5.14 所示。

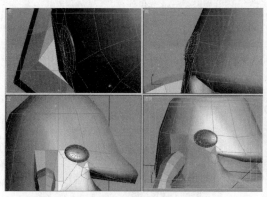

图 5.13

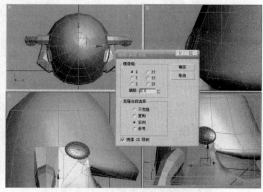

图 5.14

5.2.2　制作一个大大的眼眶

(1) 继续上面的操作。

(2) 从"创建"菜单上，选择"标准基本体"→"球体"。

(3) 创建要用作眼眶的球体。将"分段"设置为 16 个单位，将"半径"设置为约 12.5 个单位。不必设置得太精确，稍后还将调整此球体的造型，如图 5.15 所示。

(4) 把"球体"转换为"可编辑的多边形"。

(5) 进入"顶点"层级，调节各点的位置，如图 5.16 所示。

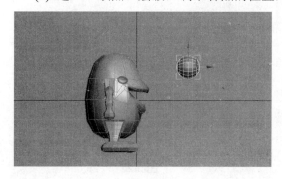

图 5.15

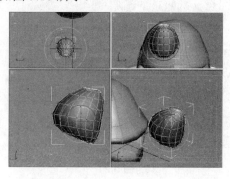

图 5.16

(6) 进入"多边形"层级，选择如图 5.17 所示的部分，单击鼠标右键，选择"删除"命令。

(7) 进入"顶点"层级，调节各顶点的位置，如图5.18 所示。

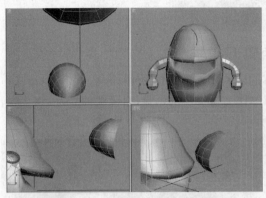

图 5.17

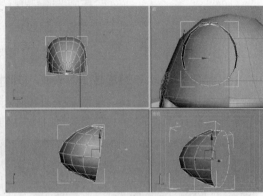

图 5.18

(8) 进入"多边形"层级，选择如图 5.19 所示的面并删除，效果如图 5.20 所示。

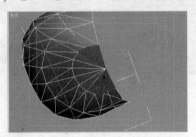

图 5.19

图 5.20

(9) 在此模型基础上，添加"壳"修改器。设置"外部量"为"1"，如图 5.21 所示。

(10) 把模型转变为"可编辑的多边形"。

(11) 进入"多边形"层级，选择面，使用"挤出"命令造型，效果如图 5.22 所示。

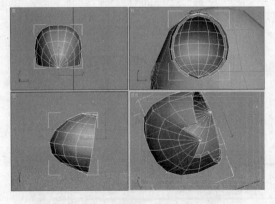

图 5.21

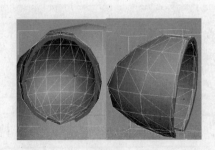

图 5.22

(12) 进入"多边形"层级，选择如图 5.23 所示的面，使用"挤出"命令造型，"挤出类型"为"组"，"挤出高度"为"1.1"，效果如图 5.24 所示。

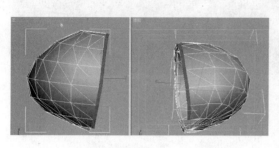

图 5.23

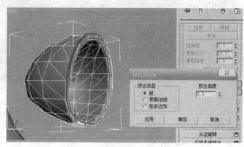

图 5.24

(13) 复制出右上眼眶，如图 5.25 所示。
(14) 复制出右下眼眶，如图 5.26 所示。

图 5.25　　　　　　　　　　图 5.26

(15) 使用 ✥ 移动工具调节眼眶位置，如图 5.27 所示。

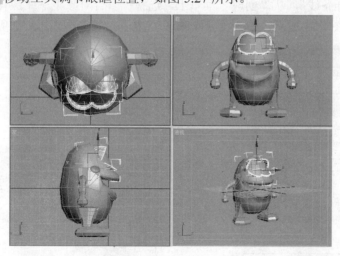

图 5.27

(16) 使用上面所介绍的方法，使用"球体"创建出"眼睛"和"舌头"部分，如图 5.28 和图 5.29 所示。

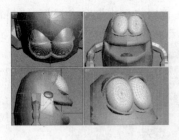

图 5.28   图 5.29

5.2.3 制作眼睫毛

(1) 在前视图，从"创建"菜单上，选择"样条线"→"圆"，创建一个要制作睫毛的横界面，设置"半径"为"0.608"

(2) 在前视图，从"创建"菜单上，选择"样条线"→"线"，创建一个要制作睫毛的样条线，如图 5.30 所示。

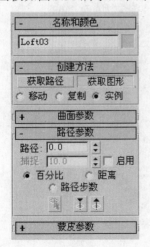

图 5.30

(3) 选择"样条线"，从"创建"菜单上，选择"复合对象"→"放样"，弹出的"创建方法"面板如图 5.31 所示，单击"获取图形"，单击"圆"，如图 5.32 所示。

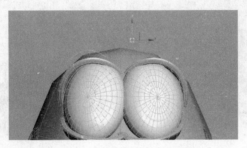

图 5.31   图 5.32

(4) 进入"修改器列表"，在"变形"面板下，选择"缩放"，弹出"缩放变形"面板，如图 5.33 所示。

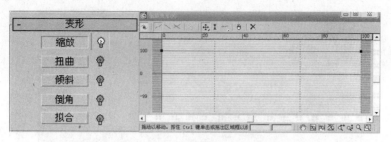

图 5.33

(5) 在"缩放变形"面板中，使用 ── "插入脚点"工具在红色的线的中间加入一个点，如图 5.34 所示。

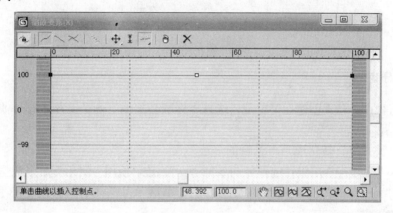

图 5.34

(6) 在"缩放变形"面板中，使用 ✛ "移动控制点"工具，移动如图 5.35 所示的两个点的位置，弯弯眉毛的造型就出来了，如图 5.35 所示。

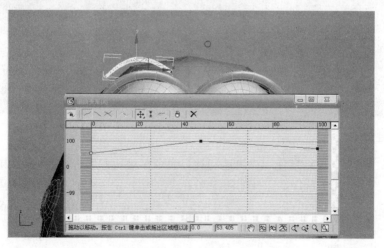

图 5.35

(7) 使用 ⬚ "镜像复制"工具,复制出另外一个眉毛,然后使用 ✛ 移动和 ↻ 旋转工具,调节眉毛的位置,如图 5.36 所示。

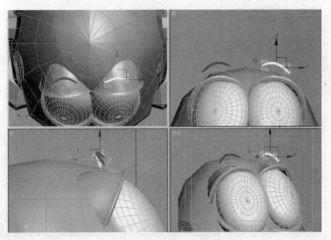

图 5.36

5.2.4　制作牙齿

(1) 在前视图,从"创建"菜单上,选择"标准基本体"→"长方体"。具体参数设置,如图 5.37 所示。

(2) 将"长方形"转化成"可编辑的多边形"。

(3) 进入"多边形"层级,选择如图 5.38 所示的边,使用"倒角"命令造型。设置"倒角类型"为"局部法线"、"高度"为"1.4"、"轮廓量"为"-1.5",如图 5.38 所示。

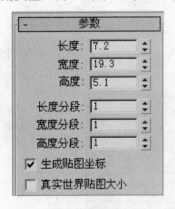

图 5.37　　　　　　　　　　　　　　　图 5.38

(4) 进入"顶点"层级,使用"快速切片"命令,对长方形进行细化,如图 5.39 所示。

(5) 进入"多边形"层级,选择如图 5.40 所示的边,使用"倒角"命令造型。设置"倒角类型"为"局部法线"、"高度"为"-0.435"、"轮廓量"为"-0.4",如图 5.40 所示。

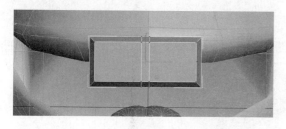

图 5.39

图 5.40

(6) 进入"顶点"层级，调节各点的位置，如图 5.41 所示。

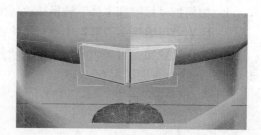

图 5.41

(7) 使用⊕移动工具，调节牙齿位置，如图 5.42 所示。

(8) 到此为止这个可爱的卡通角色就制作完毕了，如图 5.43 所示。

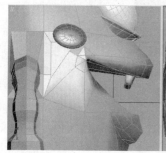

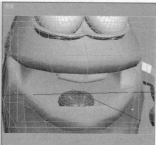

图 5.42

图 5.43

(9) 保存文件为"卡通角色.max"。

本 章 小 结

这个可爱的卡通角色的模型制作过程是不是很简单？不知道是不是激起了大家的学习兴趣？本制作过程采用多种"标准基本体"和"样条线"作为最初的造型元素，给整个造型带来了很大的方便。编辑多边形的造型方法是比较容易上手的造型方法，希望大家多多揣摩和练习。

习 题

名词解释

1. 标准基本体
2. 样条线
3. 放样

简答题

1. 如何把"标准基本体"转换成"可编辑多边形"状态？
2. 区别"可编辑多边形"中"挤出"命令和"倒角"命令的用法的不同点。
3. 请分别说出"可编辑多边形"中"挤出"命令下"挤出类型"：组；局部法线；按多边形，三个命令的区别？

第6章

卡通道具建模

技能点

1. 从简单对象(如，基本体和挤出图形)创建各种各样的图形
2. 使用弯曲修改器对形体外形进行调节
3. 变换可编辑多边形子对象来微调模型外形

说 明

本教程介绍如何对您在如今视频游戏中看到的相似卡通道具建造模型。您将会研究各种以通常称为"长方体建模"开始的建模技术，即使用简单的多边形长方体来建造模型。使用此创建方法几乎可以建造任何东西的模型。

还可以广泛利用"可编辑多边形"对象和"编辑多边形"修改器。实际上，您能够采用简单和快速方式对任何造型进行建模。

6.1 设置场景

在本节中,您将为战争游戏中的卡通道具建模。您可以多收集相关的图片对实物造型进行研究,也可以根据自己的想象进行卡通道具创作。如图 6.1 所示是收集来的一把剑的造型。

本节先来创建虚拟工作室。

1. 进行场景单位设置

打开 3ds max 软件,首先要对软件场景进行设计。打开"创建"菜单,选择"自定义"→"单位设置",打开如图 6.2 所示的面板。

在"系统单位设置"的"显示单位比例"中选择"公制",选择单位为"厘米",如图 6.2 所示。

图 6.1

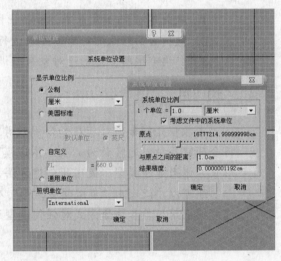

图 6.2

2. 创建参考平面

(1) 打开"创建"菜单,选择"标准基本体"→"平面"。

(2) 在前视图中单击并拖动一个区域,不必担心所创建的平面的大小。

(3) 单击 ✍ 按钮转至"修改"面板。在"参数"卷展栏中,将"长度"设置为 42,将"宽度"设置为 10。

(4) 将"长度分段"和"宽度分段"均设置为 1,如图 6.3 所示。

(5) 选择平面,从主工具栏上选择"移动"工具。

(6) 在状态栏上,将 X、Y 和 Z 的位置值设为 0,这样将把平面的轴点置于世界坐标系的原点,如图 6.4 所示。

图 6.3

图 6.4

3. 为参考图像设置贴图

(1) 按 M 键打开"材质编辑器"。

(2) 在"Blinn 基本参数"卷展栏中,将"自发光"值设置为 100%,这样做有助于在无需借助任何场景灯光的情况下看到贴图,如图 6.5 所示。

(3) 单击"漫反射"色样旁边的小灰色框。

(4) 从出现的"材质/贴图浏览器"中,双击"位图"将其选中。

(5) 浏览第 6 章:卡通道具建模文件夹并选择宝剑.jpg。单击"打开"以关闭对话框。

(6) 单击"在视口中显示贴图"图标 以将其启用,如图 6.6 所示。

(7) 在保持选中平面的情况下单击"将材质指定给选定对象"图标 ,以将新创建的材质应用于该平面。现在平面在透视视图中带有了纹理,如图 6.7 所示。

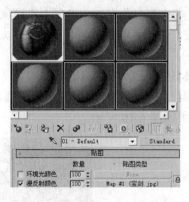

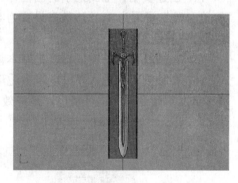

图 6.5　　　　　　　图 6.6　　　　　　　　　　图 6.7

4. 冻结参考平面

参考平面就位后,应该冻结它们以避免意外移动。

(1) 单击图标选中其中一个参考平面，显示"显示"面板。

(2) 在"显示属性"卷展栏中，禁用"以灰色显示冻结对象"，如图 6.8 所示。

图 6.8

注意：如果保持此选项启用，会在冻结对象之后使其变为深灰色，从而看不到参考图像。在虚拟工作室情况下，需要禁用此选项。

(3) 展开"冻结"卷展栏，选择"冻结选定对象"。

(4) 针对其他两个参考平面重复该步骤。为每次单独选择的项禁用"以灰色显示冻结对象"。

(5) 保存文件，将其命名为"00.max"。

6.2 创建宝剑把手

本节将通过使用简单圆柱体基本体为宝剑创建把手，然后将长方体转换为"可编辑的多边形"对象，使用子对象(如顶点、边和多边形)开始塑形把手，同时使用"弯曲"修改器进行造型的改良。

6.2.1 创建圆柱体基本体

(1) 继续前面的步骤，即打开上节保存的"00.max"文件。

(2) 在前视口中，对宝剑的把手部进行放大。

(3) 打开"创建"菜单，选择"标准基本体"→"圆柱体"。

(4) 创建要用作宝剑把手的圆柱体。将"半径"设置为 0.584，"高度"设置为约-4.498，"高度分段"设置为 3，"边数"设置为 8，如图 6.9 所示。不必设置得太精确，稍后将调整此圆柱体的造型。

(5) 在圆柱体上右键鼠标，把基本体转换成为"可编辑多边形"。

(6) 在顶视图，进入"可编辑多边形"的■多边形层级，选择"圆柱体"的顶部的面，用"挤出"命令向上进行挤出，最终效果如图 6.10 所示。

图 6.9

图 6.10

(7) 在"可编辑多边形"的多边形层级，选择刚刚挤出部分的所有侧面的面，用"挤出"命令面板下的"局部法线"，挤出 0.307 个单位高度，如图 6.11 所示。

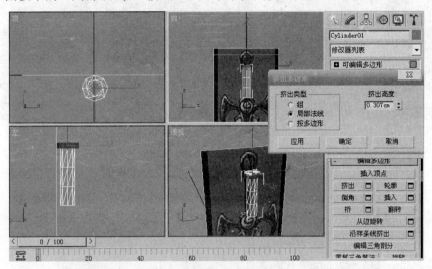

图 6.11

(8) 在"可编辑多边形"的多边形层级，选择所有挤出来的面，如图 6.12 所示。点取"修改器列表"下的"弯曲"命令，设置弯曲"角度"为 63.5，"弯曲轴"设为 X 轴，如图 6.13 所示。

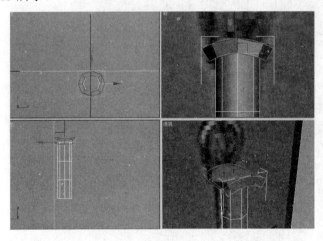

图 6.12

图 6.13

(9) 在模型上用鼠标右键，把模型塌陷成"可编辑多边形"。

(10) 进入左视图，在"可编辑多边形"点层级，选择上部平面所有的点，用放缩工具，沿"Y"向下进行挤压，以使顶面上所有的点都在一条线上，如图 6.14 所示。

(11) 在"可编辑多边形"的多边形层级，选择顶部中间的平面，如图 6.15 所示，用"倒角"命令在前视图根据场景图片进行挤出和造型的倒角，挤出如图 6.16 所示的造型。

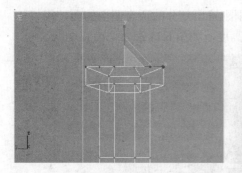

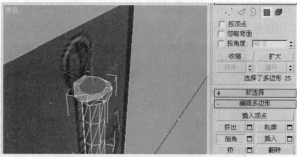

图 6.14   图 6.15

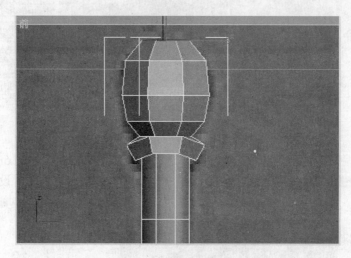

图 6.16

(12) 切换成透视图，进入物体的 点层级，如图 6.17 所示。

(13) 用"切割"命令，对造型进行切割，如图 6.18 所示。

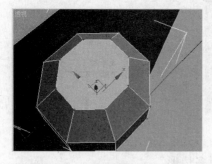

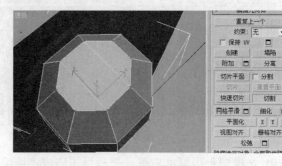

图 6.17   图 6.18

(14) 在左视图，进入多边形的点层级，如图 6.19 所示。

(15) 对造型进行调节，如图 6.20 所示。

(16) 切换成透视图，进入多边形层级，选择正立面中部所有的面。运用"倒角"命令，向内进行倒角，如图 6.21 所示。

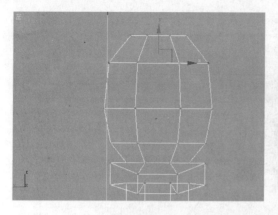

图 6.19

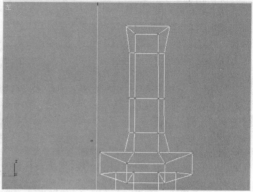

图 6.20

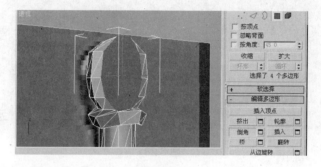

图 6.21

(17) 对造型的反面也做同样的操作，如图 6.22 所示。

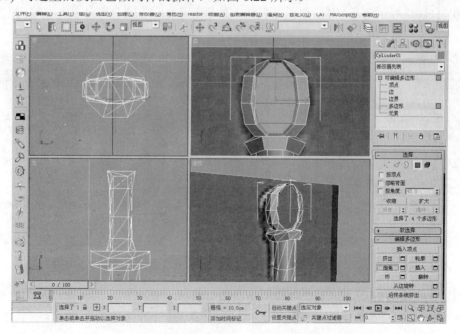

图 6.22

(18) 继续分别在两个面上进行"倒角"操作，造型如图 6.23 所示。

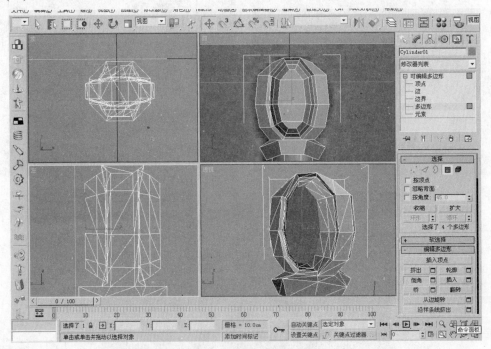

图 6.23

(19) 选择缩放工具▣，进入多边形的点层级。用鼠标在 3D 捕捉开关▣上右击，选中"中点"进行捕捉，并且取消勾选其他捕捉，如图 6.24 所示。

(20) 分别选择倒角后，对前后两面表面上的所有点，用缩放工具向中央收缩，如图 6.25 所示。

图 6.24

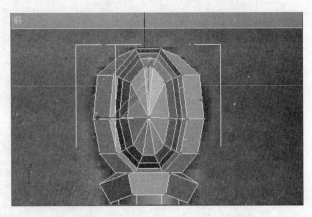

图 6.25

(21) 对收缩后的点，使用"焊接"命令进行焊接，使收缩后的所有点成为一点，如图 6.26 所示。

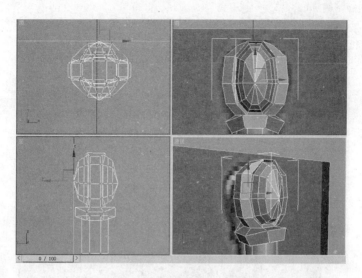

图 6.26

(22) 单击 ，为可编辑多边形添加"网格平滑"效果，如图 6.27 所示。

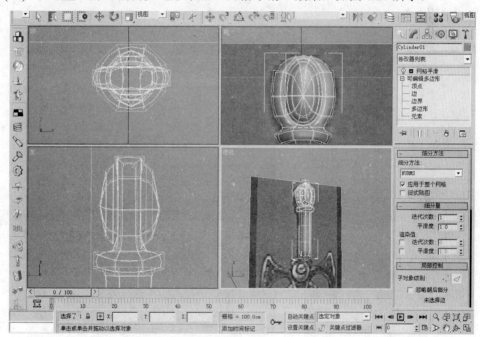

图 6.27

宝剑模型的大部分工作已完成，但仍然需要对其做优化以使其更美观。

6.2.2 创建宝剑把手下端造型

(1) 进入顶点层级，在把手端使用"快速切片"命令为把手端模型加入两条新的线段，如图 6.28 所示。

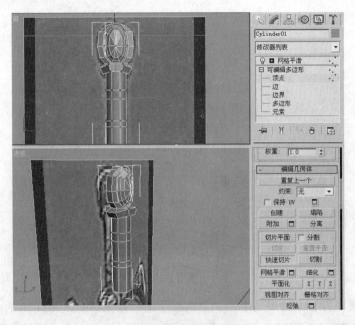

图 6.28

(2) 移动新加的两条线段，并使用 ⬛ 缩放工具对造型进行修改，如图 6.29 所示。

(3) 进入多边形层级，选择底面的面，如图 6.30 所示。

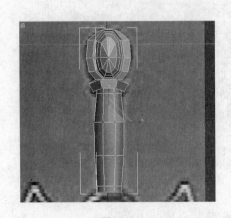

图 6.29

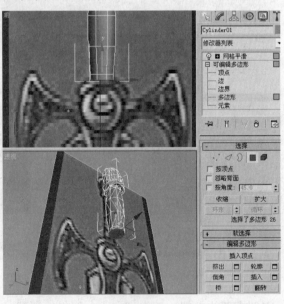

图 6.30

(4) 用"挤出"命令进行挤出，如图 6.31 所示。加入"弯曲"修改器进行造型，设置弯曲的"角度"为 68，"弯曲轴"为 X 轴，如图 6.32 所示。

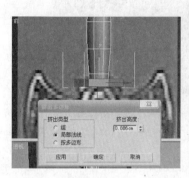

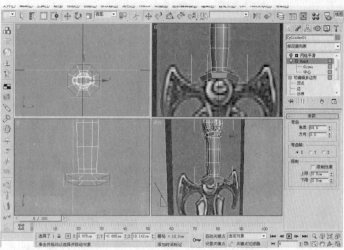

图 6.31   图 6.32

(5) 删除"网格平滑"命令,将整个模型塌陷成"可编辑多边形",如图 6.33 所示。

(6) 进入"可编辑多边形"的多边形层级,选择模型下端中间的面。

(7) 使用"倒角"命令进行造型,最终效果如图 6.34 所示。

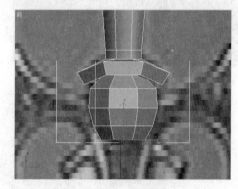

图 6.33   图 6.34

(8) 进入左视图,对模型造型进行调整,如图 6.35 所示。

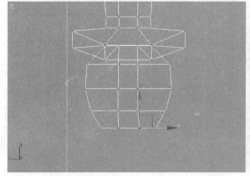

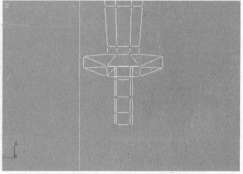

图 6.35

(9) 进入顶点层级，对如下平面进行"切割"，如图 6.36 所示。

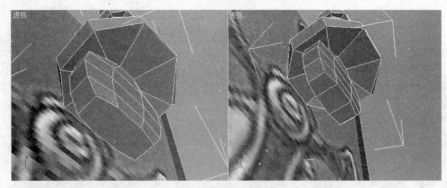

图 6.36

(10) 在前视图，对模型各点进行调节，最终效果如图 6.37 所示。

(11) 在多边形层级，分别选择如图 6.38 所示的两个面，执行"倒角"命令，如图 6.38 所示。

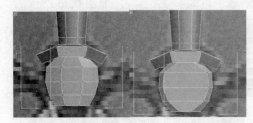

图 6.37

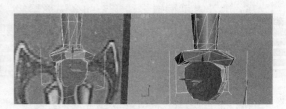

图 6.38

(12) 分别用 旋转工具进行造型，如图 6.39 所示。

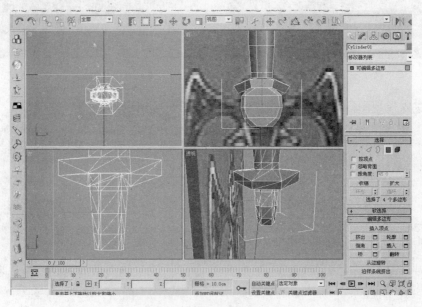

图 6.39

(13) 增加正反两个面的细节。用"倒角"命令为正反两个面向内，然后向外进行两次细节倒角，如图 6.40 所示。

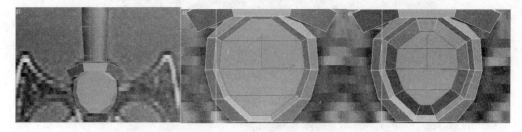

图 6.40

注意：反面也要进行这样的操作，如图 6.41 所示。

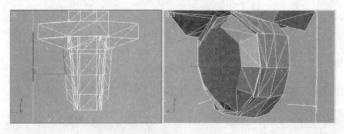

图 6.41

(14) 进行进一步的调节，如图 6.42 所示。

(15) 删除图中的 3 条线段。进入"线段"层级，分别选择三条线段，单击鼠标右键，选择"删除"，如图 6.43 所示。

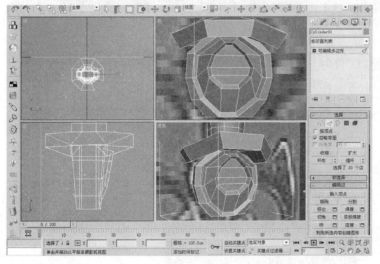

图 6.42

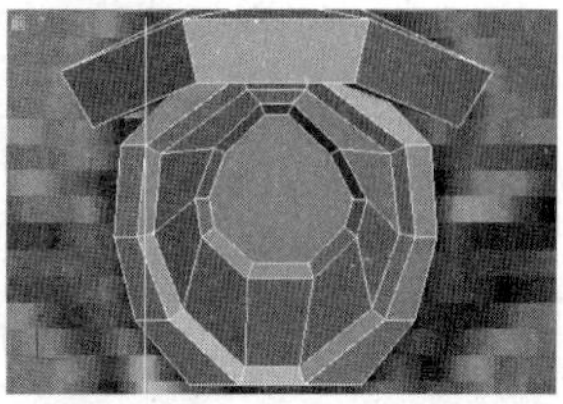

图 6.43

(16) 进入"多边形"层级，进一步做调节，如图 6.44 所示。

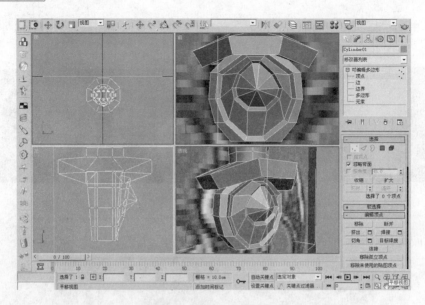

图 6.44

(17) 注意对反面也要做一样的操作，如图 6.45 所示。

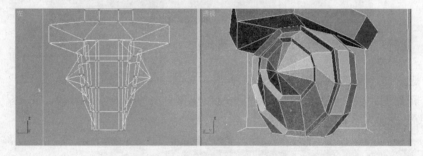

图 6.45

(18) 运用"挤出"命令，制作宝剑左右两边的造型，如图 6.46 所示。

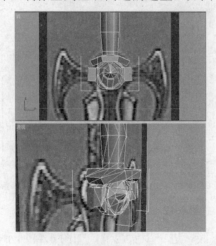

图 6.46

(19) 根据贴图，继续运用"挤出"命令造型。在转折位置可运用 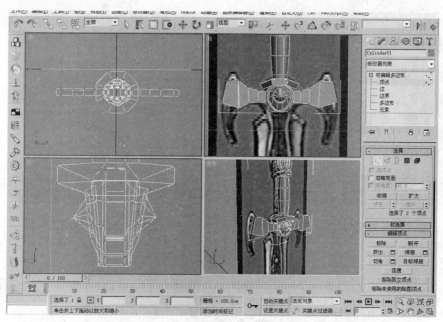 旋转和 放大工具进行调节，必要的时候可以进入 "顶点"层级相应的点进行精确的对位。最终效果，如图 6.47 所示。

图 6.47

(20) 运用"挤出"命令，完成左右两翼的造型，如图 6.48 所示。

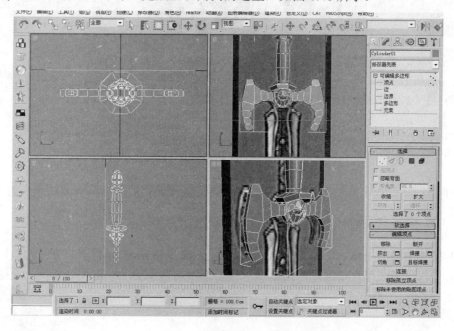

图 6.48

(21) 进入"多边形"层级，分别运用"插入"和"倒角"命令对两翼造型进行倒角修边，如图 6.49 和图 6.50 所示。

(22) 对左右两翼前后两个面都要进行相同的操作，如图 6.51 所示。

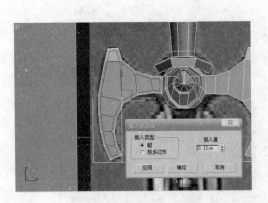
图 6.49

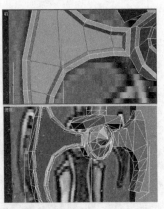
图 6.50

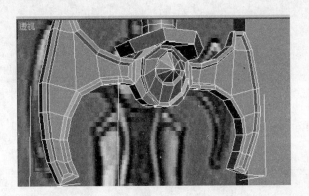
图 6.51

(23) 将文件另存为"02.max"。

6.3 创建宝剑刀锋

本节将继续制作宝剑的刀锋部分。本节的实例将继续使用"可编辑多边形"方法。

6.3.1 刀锋中部造型的制作

(1) 继续前面的步骤，即打开 02.max 文件，如图 6.52 所示。

(2) 进入"多边形"层级，根据图示选择刀锋方向模型的面，运用"挤出"命令造型，如图 6.53 所示。

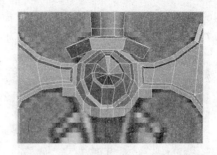

图 6.52   图 6.53

(3) 根据贴图，继续运用"挤出"命令造型，如图 6.54 所示。在转折位置可运用旋转和 放大工具进行调节，必要的时候可以进入 "顶点"层级对相应的点进行精确的对位，如图 6.55 所示。

(4) 进入"顶点"层级，根据图示调节布线。注意正反面用同样的方法进行调节，如图 6.56 所示。

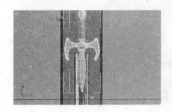

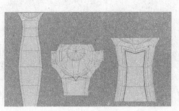

图 6.54   图 6.55   图 6.56

(5) 进入"多边形"层级，对正反面执行"插入"和"倒角"命令，如图 6.57 所示。

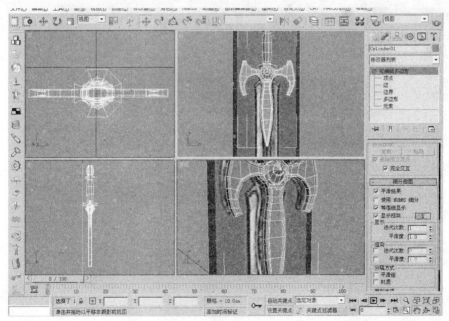

图 6.57

(6) 如图 6.58 所示，使用"插入"命令造型。

(7) 进入"顶点"层级，调节中央方块造型，如图 6.59 所示。

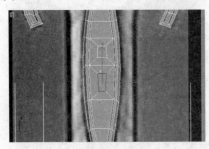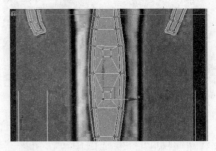

图 6.58   图 6.59

(8) 进入"多边形"层级，选择两个方块面，在左视图沿 Z 轴向内移动，使之有个向内的造型，如图 6.60 所示。

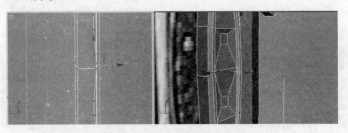

图 6.60

(9) 继续上面的操作，使用"挤出"命令继续向内进行挤出，如图 6.61 所示。

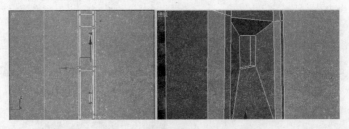

图 6.61

(10) 应继续上面同样的操作，如图 6.62 所示。

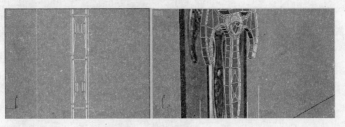

图 6.62

6.3.2　刀锋外部造型的制作

（1）继续上面的步骤。

（2）进入"多边形"层级，根据图示选择刀锋内部造型外面的一圈，使用"插入"命令进行内扩边，如图 6.63 所示。

图 6.63

（3）使用"挤出"命令向外挤出，设置"挤出类型"为"局部法线"，制作刀锋外部造型，如图 6.64 所示。

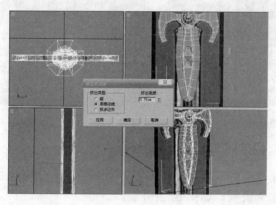

图 6.64

（4）进入"顶点"层级，根据图示调节新挤出模型的各个顶点的位置，如图 6.65 所示。

（5）根据图示，使用"挤出"命令继续向下挤出造型，如图 6.66 所示。

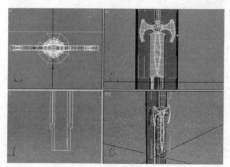

图 6.65

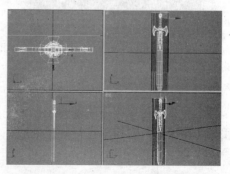

图 6.66

(6) 根据图示，调节内部刀锋与外部刀锋衔接处的布线，如图 6.67 所示。

(7) 如图 6.68 所示。把此处两点焊接成一点。

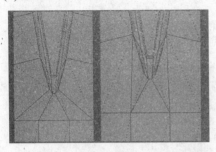

图 6.67

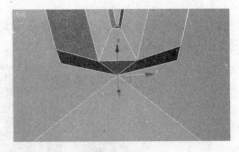

图 6.68

(8) 制作刀锋中线。使用"切割"命令，对模型进行切割。注意，正反面都要进行类似操作，如图 6.69 所示。

(9) 进入"边"层级，分别选择刚刚切割出来的两条线段，使用 ✛ 移动工具，向内移动，制造处凹槽，如图 6.70 所示。

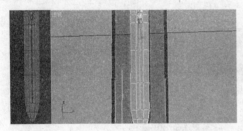

图 6.69

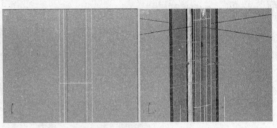

图 6.70

(10) 根据图示调节顶点，如图 6.71 所示。

(11) 进入"多边形"层级，选择外部模型的一圈面，用 □ 缩放工具，在左视图沿 Z 轴向左挤压，使刀锋看起来锐利，如图 6.72 所示。

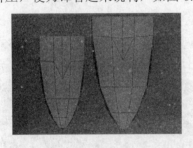

图 6.71

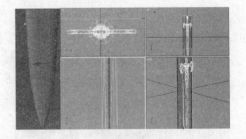

图 6.72

到此为止，这个宝剑就基本制作完毕了，希望大家喜欢。大家可以根据需要加入"网格平滑"修改器，对模型进行圆滑处理。

(12) 将文件保存为"03.max 文件"。

本 章 小 结

本章介绍了"多边形"建模的方法，利用此方法您将会创造出众多类似的模型。

习　　题

名词解释

1．宽度分段
2．网格平滑
3．轴点

简答题

1．如何在 3ds max 中进行单位设置？
2．如何为参考图像设置贴图？
3．如何利用弯曲修改器对形体外形进行调节？

第7章

游戏男性角色建模

技能点

1. 从简单对象创建各种各样的复杂器官图形
2. 使用"对称"修改器创建半个模型的镜像副本
3. 变换可编辑多边形子对象来微调模型外形
4. 在需要的地方插入顶点以增加分辨率

说明

本章将介绍如何对您在如今视频游戏中看到的相似角色建造模型，介绍各种以通常称为"长方体建模"开始的建模技术，即使用简单的多边形长方体来建造模型。使用此创建方法几乎可以建造任何东西的模型。在本章还将介绍如何利用"可编辑多边形"对象和"编辑多边形"修改器。

7.1　设置场景

在开始创建 3D 模型之前，无论该模型是角色还是其他任何对象，都必须首先对希望创建的对象进行一些研究。本节将带领您为战争游戏中的直升机飞行员建模。

无论是通过书籍还是 Internet 的搜索引擎，都可以对此对象进行大量的研究。还有另一种方法，就是拍摄玩具商店中购买的塑像的快照。

当然，更好的方法就是您是一位非常优秀的插图画家，可以创建构建角色时要用作参考的必要绘图。

先来创建虚拟工作室。

在开始之前，要注意所创建的参考图像的分辨率(以像素为单位)。如果使用本教程提供的参考文件，则其分辨率如下所示：

(1) 顶参考图像：385(宽)×200(高)。

(2) 前参考图像：385(宽)×440(高)。

(3) 侧参考图像：200(宽)×440(高)。

1. 创建参考平面

(1) 启动 3ds max。确保顶视图处于活动状态。

(2) 打开"创建"菜单，选择"标准基本体"→"平面"。

(3) 在顶视图中单击并拖动一个区域，不必担心所创建的平面的大小。

(4) 单击 转至"修改"面板，在"参数"卷展栏中，将"长度"设置为 200，将"宽度"设置为 385。

(5) 将"长度分段"和"宽度分段"均设置为 1，如图 7.1 所示。

(6) 从主工具栏上，选择"移动"工具。

(7) 在状态栏上，将 X、Y 和 Z 的位置值都设置为 0，这样将把平面的轴点置于世界坐标系的原点。

2. 为参考图像设置贴图

(1) 按 M 键打开"材质编辑器"。

(2) 在"Blinn 基本参数"卷展栏中，将"自发光"值设置为 100%，这样做有助于在不借助任何场景灯光的情况下看到贴图。

(3) 单击"漫反射"色样旁边的小灰色框。

(4) 从出现的"材质/贴图浏览器"中，单击"位图"。

(5) 打开文件"顶.jpg"。

(6) 单击"在视口中显示贴图"图标 以将其启用。

(7) 在保持选中平面的情况下单击"将材质指定给选定对象"图标 ，将新创建的材质应用于该平面。现在，平面在"透视"视图中带有了纹理，如图 7.2 所示。

3. 创建其他参考平面

创建第一个平面(顶平面)后,重复该过程,以根据"前"视图创建一个附加的平面,然后根据"左"视图创建另一个平面。这些平面的大小应该反映出将指定给它们的参考图像的大小。因此,在"前"视图中构建的平面应该是 440(长)×385(宽),在"左"视图中构建的平面应该是 440(长)×200(宽)。请记住为每个新的材质在材质编辑器中选择一个新的示例窗。完成后,"透视"视口的外观应该如图 7.3 所示。

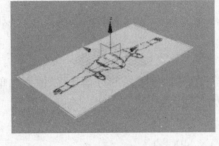
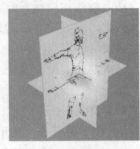

图 7.1　　　　　　　　　　图 7.2　　　　　　　　　　图 7.3

4. 调整虚拟工作室

开始为角色建模之前,首先需要调整三个参考平面的位置。

(1) 连续激活每个视口,并按 G 键以禁用栅格。此时,唯一的着色视口是透视视图。

(2) 确保以先激活然后按 F3 快捷键的方式使每个视口着色。

(3) 在透视视图中选择顶参考平面。使用"移动"工具,在 Z 轴(蓝色轴)上向下移动该平面,直到其到达其他两个平面的底部,如图 7.4 所示。

(4) 在透视视图中选择侧参考平面。如果更靠近一点地看,就可以发现此参考平面中头盔的高度与前参考平面中的高度不匹配,如图 7.5 所示。

(5) 在 Z 轴上向上移动侧平面,使头盔的高度相匹配。同时,密切注意飞行员的腰带。

(6) 完成此操作之后,将 X 轴(红色轴)上的侧参考平面移到虚拟工作室的右边。

(7) 最后,选中并将 Y 轴上的前参考平面移到虚拟工作室的后边,如图 7.6 所示。

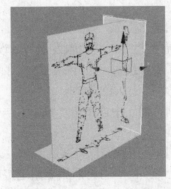
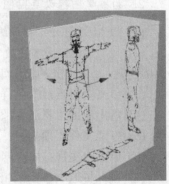

图 7.4　　　　　　　　　　图 7.5　　　　　　　　　　图 7.6

5. 冻结参考平面

参考平面就位后，应该冻结它们以避免意外移动。

(1) 单击![图标]选中其中一个参考平面，然后转到"显示"面板。

(2) 在"显示属性"卷展栏中，禁用"以灰色显示冻结对象"。

注意：如果保持此选项启用，会在冻结对象之后使其变为深灰色，从而看不到参考图像。在虚拟工作室情况下，需要禁用此选项。

(3) 展开"冻结"卷展栏，选择"冻结选定对象"。

(4) 针对其他两个参考平面重复以上步骤，需要为每次单独选择的项禁用"以灰色显示冻结对象"。

(5) 保存并命名为"00.max 文件"。

7.2　创 建 靴 子

本节将通过使用简单长方体基本体为直升机飞行员创建靴子，然后将该长方体转换为"可编辑的多边形"对象，并使用子对象(如顶点、边和多边形)开始塑形靴子。

7.2.1　创建长方体基本体

(1) 继续上面的步骤，即打开"00.max 文件"。

(2) 在左侧视口中，对飞行员的脚部进行放大。

(3) 打开"创建"菜单，选择"标准基本体"→"长方体"。

(4) 创建要用作脚跟的长方体，将"长度"设置为 6 个单位，将"宽度"和"高度"设置为约 18 个单位。不必设置得太精确，稍后将调整此长方体的内部组件，如图 7.7 所示。

(5) 在顶视图中移动长方体，使其与飞行员的右脚对齐(移到视口的左侧)，如图 7.8 所示。如果需要，调整长方体的高度，以使其与参考图像中的脚部宽度一致。

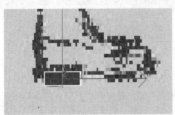

图 7.7

图 7.8

(6) 右键单击长方体，然后从四元菜单中选择"转换为"→"转换为可编辑多边形"，如图 7.9 所示。

(7) 从"修改"面板中选择"多边形"按钮。

(8) 在顶视口中单击长方体面向自己的一侧，长方体顶部的多边形高亮显示为红色。

(9) 按空格键锁定您的选择。如图 7.10 所示。

注意：也可以通过按状态栏上的"锁定选择"切换按钮🔒来锁定选择。

(10) 在"编辑多边形"卷展栏中，单击"挤出"按钮。

(11) 在左视图中单击并拖动以挤出选定的多边形，直到其位于脚踝的正下方。

注意：要更好地显示几何体结构，请按F4键以启用"边面"模式，并在所有视口中重复上述过程。

(12) 解除对该选择的锁定，以便选择其他多边形。

(13) 在前视图中，单击代表脚部的上部多边形。

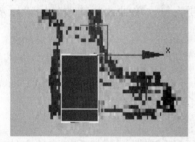

图 7.9

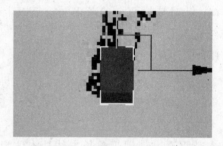

图 7.10

(14) 在"编辑多边形"卷展栏中再次单击"挤出"按钮，然后单击并拖动选定的多边形以将其挤出，直到它接触拇指球。密切注意左视图，以便参考，如图7.11所示。

(15) 在左视图中，稍微缩放垂直轴(Y 轴)上的所选多边形，如图7.12所示。

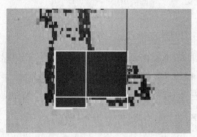

图 7.11

图 7.12

(16) 向下移动所选多边形，使其对齐地面，如图7.13所示。

(17) 在前视图中，水平放大选定的多边形，如图7.14所示。

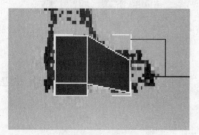

图 7.13

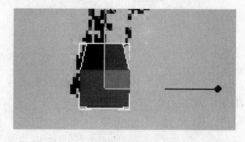

图 7.14

(18) 再执行一次挤出，以创建脚趾。在各个轴上使用"移动"和"缩放"，以调整选定的多边形，如图 7.15 所示。

(19) 在顶视图中，选择代表脚跟的多边形，如图 7.16 所示。

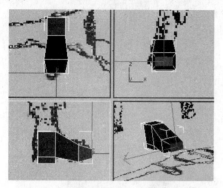

图 7.15

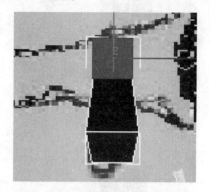

图 7.16

(20) 为脚踝层级挤出选定的多边形，如图 7.17 所示。

(21) 从"编辑多边形"卷展栏中，选择"倒角"工具。单击并拖动选定的多边形以执行规则挤出，然后向上稍微移动鼠标指针以对选定的多边形执行缩放，如图 7.18 所示，以便参考。

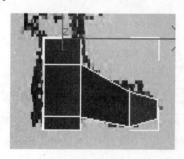

图 7.17

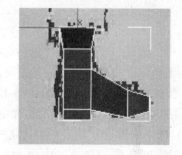

图 7.18

(22) 大部分工作已完成，但仍然需要优化靴子以使其更美观。

7.2.2　优化靴子

(1) 继续上述操作。

(2) 从选择卷展栏中，选择"边"。

(3) 在透视视图中，选择其中一条靠近拇指球或脚趾的垂直边，如图 7.19 所示。

(4) 在"选择"卷展栏中，选择"环形"按钮。现在脚部周围的所有边都已被选定，如图 7.20 所示。

(5) 在"编辑边"卷展栏中，选择"连接"按钮。现在即拥有了一条跨越先前选定的边而水平运行的额外分界线，如图 7.21 所示。

(6) 稍微均匀缩放选定的边(约 108%)，以使脚部的"矮胖形"外观变柔和，如图 7.22 所示。

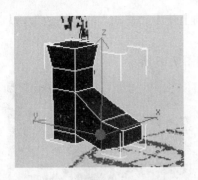
图 7.19

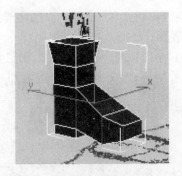
图 7.20

图 7.21

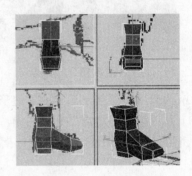
图 7.22

(7) 在"透视"中，使用"弧形旋转子对象" 查看靴子的后面。

(8) 选择靴子后面的顶边，如图 7.23 所示。

(9) 按住"控制"键，单击环形工具的向下微调器。每次单击时，都会围绕该环形选定一条附加的边。继续单击，直到选定靴子后侧向下运行的所有边，如图 7.24 所示。

(10) 在"编辑边"卷展栏中，选择"连接"，会有一条新的垂直分界线穿过先前选定的边，如图 7.25 所示。

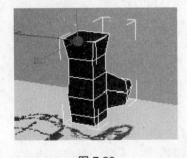
图 7.23

图 7.24

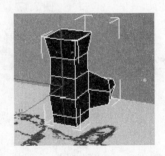
图 7.25

(11) 在顶视图中，将选定的边在垂直轴(Y 轴)上向上移动，以使靴子后面稍微变圆一些，如图 7.26 所示。

(12) 如果有时间，则继续优化靴子。但是不要做得过多，因为模型中不需要太多的多边形，如图 7.27 所示。

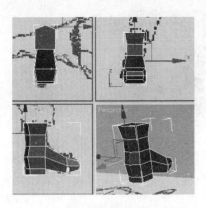

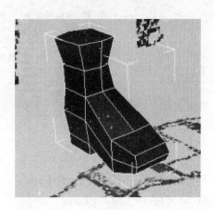

图 7.26 　　　　　　　　　　　　　图 7.27

7.2.3　完成靴子的制作

(1) 继续上面的操作。

(2) 在"修改"面板中，退出子对象模式。

(3) 从"修改器"列表中，选择"弯曲修改器"。

(4) 将"弯曲轴"设置为 Y，将"方向"设置为 90，如图 7.28 所示。

(5) 调整"弯曲角度"，使靴子与参考图像吻合。–15 到–16 度的角度应该足够了。还可以稍微旋转顶视图中的靴子，如图 7.29 所示。

(6) 将对象重命名为"Boot-Right"。

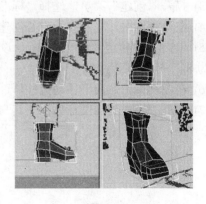

图 7.28 　　　　　　　　　　　　　图 7.29

7.2.4　镜像靴子

(1) 继续上面的操作。

(2) 右键单击"前"视口以激活它。

(3) 从主工具栏中，选择"镜像"工具 。

(4) 使镜像轴保持为 X 轴，将"克隆选择"方法设置为"实例"。

(5) 单击"确定"按钮退出该对话框。

(6) 使用"移动"工具根据参考图像定位新的靴子，如图 7.30 所示。

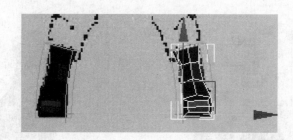

图 7.30

(7) 将克隆重命名为"Boot-Left"。

(8) 将文件另存为"01.max 文件"。

7.3 创 建 裤 子

本节将为直升机飞行员创建裤子。与创建靴子时相似，接下来将根据基本体构建裤子，不过这次是一个圆柱体。首先创建一条腿，然后使用"对称"修改器创建另一条腿。

7.3.1 创建一条腿

(1) 继续上面的操作，即打开"01.max 文件"。

(2) 在顶视口中，对飞行员的右脚进行放大。

(3) 打开"创建"菜单，选择"标准基本体"→"圆柱体"。

(4) 在顶视图中，在右脚的中心创建一个圆柱体，如图 7.31 所示。

(5) 单击![icon]，转至"修改"面板。设置圆柱体的半径为20，高度为20，高度分段为1，边数为8，平滑为禁用)。

(6) 在左视图中，向下移动圆柱体，直到与靴子稍微相交。

(7) 在前视图中旋转圆柱体，使其与参考图像中的裤管对齐，如图 7.32 所示。

图 7.31

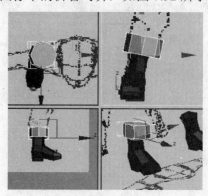

图 7.32

(8) 从主工具栏中选择"缩放"，并将"坐标系"设置为"局部"。

(9) 在前视图中，在局部 X 轴上缩放圆柱体，使其与参考图像更适配，如图 7.33 所示。

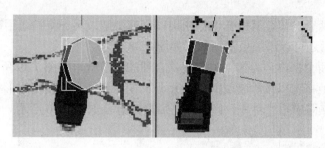

图 7.33

(10) 在任何视口中右键单击该圆柱体，然后选择"转换为"→"转换为可编辑多边形"。

(11) 在"修改"面板中，选择"多边形"模式 ■，如图 7.34 所示。

(12) 在顶视图中，单击圆柱体的顶部多边形。

(13) 在"编辑多边形"卷展栏中，选择"挤出"按钮。

(14) 在顶视图中单击并拖动选定的多边形，以将其挤出原始高度的一半左右。

(15) 使用"移动"工具和"局部缩放"工具将选定的多边形调整为各个视口中的参考图像，如图 7.35 所示。

(16) 在膝盖的正下方执行另一个挤出。再次使用变换工具，如"移动"和"缩放"；还可以使用"旋转"使多边形与参考图像相匹配，如图 7.36 所示。

注意：特别要注意有关膝盖和肘部关节的其他细节，以便在设置动画时正确变形。

(17) 添加超过两个挤出/调整，以完成膝盖的操作，如图 7.37 所示。

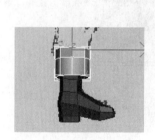

图 7.34

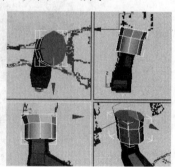

图 7.35

图 7.36

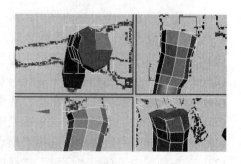

图 7.37

(18) 再添加两个挤出，其中一个挤出用以创建大腿，另一个挤出用以始终创建臀部关节。请记住，稍后还可以添加更多细节，如图 7.38 所示。

(19) 再添加两个挤出，为臀部关节提供合理的细节数，如图 7.39 所示。

(20) 添加其他挤出以接触腰带的下半部分。使用变换工具使多边形与腰带线对齐，不必担心右侧，在立即应用"对称"修改器之后要注意，如图 7.40 所示。

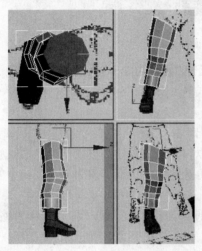

图 7.38

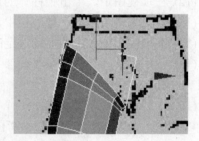

图 7.39

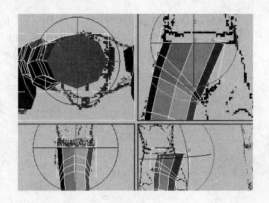

图 7.40

(21) 为腰带添加一个最终的挤出。

在应用对称修改器创建另一条腿之前，首先需要调整臀部区域，此时它看起来太平坦。

(22) 在"选择"卷展栏中，选择"边"选择模式 ◿。

(23) 在左视图中，选择腰带下面任何垂直的边，如图 7.41 所示。

(24) 在"选择"卷展栏中，单击"环形"按钮以选择与选定对象平行的所有边。

(25) 在"编辑边"卷展栏中，单击"连接"，将添加一系列连接以前选定对象的边。

(26) 在"选择"卷展栏中，选择"顶点"选择模式 ⋰。

(27) 在左视图中，使用"区域"选择以围绕臀部并调整垂直位置，如图 7.42 所示。

(28) 完成后退出子对象模式。

7.3.2 使用"重置变换"工具

在应用"对称"修改器创建另一条腿之前，首先需要使用"重置变换"工具重置所有旋转并在现有对象上进行缩放，如图 7.43 所示。操作失败将导致对称平面不能按照我们的意图执行操作。

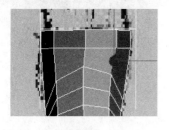
图 7.41

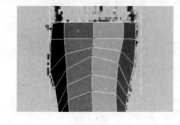
图 7.42

图 7.43

(1) 继续上面的操作。

(2) 在选定腿部的情况下，转至"工具"面板 🔧。

(3) 单击"重置变换"按钮，然后单击"重置选定"按钮。

(4) 返回"修改"面板，现在已具有一个添加到堆栈的新"变换"修改器，该堆栈包含所有重置旋转和缩放值。

(5) 通过在视口中右键单击腿部，然后选择"转换为"→"转换为可编辑多边形"来折叠堆栈。

7.3.3 使用对称修改器

(1) 继续上面的操作。

(2) 确保选定腿。在"修改"面板中，从"修改器"列表中选择"对称"。

(3) 展开"对称"修改器，然后选择"镜像"以访问此模式，如图 7.44 所示。

(4) 在"参数"卷展栏中保持 X 轴的情况下，启用"翻转"选项。

(5) 在前视图中，在 X 轴上将"镜像"平面移到适当的位置，以获得正确放置的对称腿部，如图 7.45 所示。

(6) 完成后退出"镜像"子对象模式。

裤子就快完成了，但仍然需要微调臀部周围的区域，需要使用"编辑修改器"修正它。

7.3.4 使用"编辑多边形"修改器

(1) 继续上面的操作。

(2) 确保腿部被选定。在"修改"面板中，从"修改器"列表中选择"编辑多边形"。

(3) 在透视视图中对腰带的前面进行放大。

(4) 从"选择"卷展栏中，选择"边"按钮 ◁。

(5) 选择腰带中央的边，如图 7.46 所示。

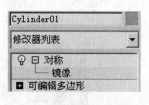

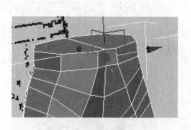

图 7.44   图 7.45   图 7.46

(6) 按住 Ctrl 键单击两次"循环"工具上部的微调器，把边添加到所选内容中，如图 7.47 所示。

(7) 在顶视图中，在垂直轴(Y 轴)上移动选定的边，以获得完美的流畅曲线，而不是反转的 V，如图 7.48 所示。

(8) 重复该过程以调整背面的边，如图 7.49 所示。

图 7.47   图 7.48   图 7.49

(9) 继续微调臀部周围的区域，尝试在边和顶点选择模式之间进行切换，以便更好地控制。

(10) 使用边选择模式，选择腰带线上的一个垂直边。

(11) 在"选择"卷展栏中，选择"环形"以选择围绕腰带的所有垂直边。

(12) 按住 Shift 键，同时单击"多边形"按钮，以将边选择转换为多边形选择，如图 7.50 所示。

(13) 在"编辑多边形"卷展栏中，单击"挤出"工具旁边的"设置"按钮。

(14) 在出现的对话框中，将"挤出类型"设置为"局部法线"，并将"挤出高度"设置为 1.5，如图 7.51 所示。

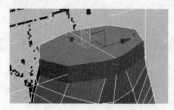
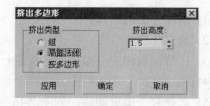

图 7.50   图 7.51

(15) 单击"确定"退出该对话框。

7.3.5　删除不需要的多边形

(1) 继续上面的操作。

(2) 按住 Ctrl 键，选中裤子顶部的两个多边形，如图 7.52 所示。

(3) 在"编辑多边形"卷展栏中，单击"插入"旁边的"设置"按钮。

(4) 将"插入量"设置为 5.0，然后单击"确定"按钮以接受更改并退出对话框。

(5) 按 Delete 键删除选定的多边形，最终效果如图 7.53 所示。

(6) 重复该过程以进行插入，然后删除裤管底部的多边形，最终效果如图 7.54 所示。

  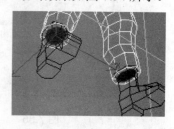

图 7.52　　　　　　　　　　图 7.53　　　　　　　　　　图 7.54

(7) 右键单击裤子，然后转至"属性"对话框，禁用"背面消隐"，单击"确定"按钮，这时就可以查看裤子内外两侧的效果了。

(8) 进入编辑子对象模式。在"修改"面板中，将对象重命名为"Pants"。

(9) 将文件另存为"02.max"。

7.4　创 建 躯 干

本节将为直升机飞行员创建躯干。多数飞行员穿的是 T 恤。在上一个练习中，使用简单的基本体(如长方体或圆柱体)，通过挤出多边形来创建体积。本节使用的方法稍有不同。本节将用到更简单的基本体(平面对象)，但主要还是使用"边"子选择对象执行大部分工作，这种建模方法功能强大，且非常直观。

7.4.1　创建 T 恤

(1) 继续上面的操作，即打开"02.max 文件"。

(2) 在前视口中，对飞行员的中间部分进行放大。

(3) 打开"创建"菜单，选择"标准基本体"→"平面"。

(4) 在前视口中单击并拖动以创建平面对象。

(5) 在"修改"菜单中，将"长度"设置为 20、"宽度"设置为 12，同时将"长度分段"和"宽度分段"均设置为 1。

(6) 定位该平面，使其与腰带和对称平面稍微相交，如图 7.55 所示。

(7) 在顶视图中，将该平面移到裤子的正面部分，如图 7.56 所示。

(8) 右键单击选定的平面，然后选择"转换为"→"转换为可编辑多边形"。

(9) 在"修改"面板的"选择"卷展栏中，选择"边"选择模式 ◁。

(10) 在前视图中，选中平面的顶边。

(11) 在左视图中，将选定边稍微移到左侧以遵循参考图像，如图 7.57 所示。

注意：由于平面在左视图中显示为线，因此需要有些实践体验才能正确地显现选定的边所位于的任何给定的点。变换 gizmo 始终是在何处进行选择的可靠提示。

(12) 按住 Shift 键，将选定的边向上移到右侧以将其挤出一次，从而始终与参考图像一致，如图 7.58 所示。

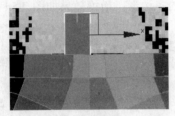

图 7.55

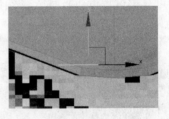

图 7.56

图 7.57

图 7.58

(13) 继续使用"Shift＋移动"的方法以挤出直升机飞行员剖面轮廓周围的选定边，如图 7.59 所示。

(14) 右键单击已部分建模的 T 恤对象，然后从四元菜单中选择"属性"。

(15) 在"显示属性"组中，禁用"背面消隐"。

(16) 单击"确定"按钮退出对话框。现在已可看到平面多边形的两侧了。

7.4.2 编辑 T 恤

(1) 确保仍然处于"边"子对象模式 ✓。

(2) 在前视图中，选择视口左侧的任何一条垂直边。

(3) 单击"循环"按钮以选中视口左侧的所有边。

(4) 按住 Shift 键，将选定的边向左移动与原始宽度相同的量，如图 7.60 所示。

(5) 在左视图中，在水平轴上缩放选定的边，使它们更靠近。密切注意顶视图，如图 7.61 所示，以便参考。

(6) 重复该过程以另外创建一个边挤出，如图 7.62 所示。

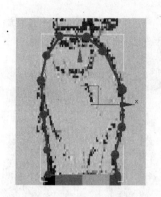

图 7.59

图 7.60

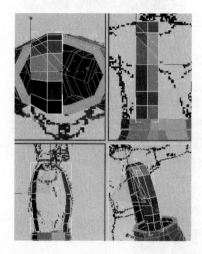

图 7.61

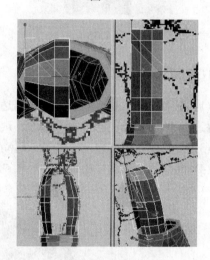

图 7.62

(7) 在左视图中，选中腰带线正上方的内部垂直边，如图 7.63 所示。

(8) 在"编辑边"卷展栏中，单击"桥"按钮。现在由多边形连接这两个边，如图 7.64 所示。

(9) 再对两个要桥接的边层级重复该过程，最终效果如图 7.65 所示。

(10) 切换到顶点选择模式■，使用"移动"工具微调基于参考图像的顶点位置，最终效果如图 7.66 所示。

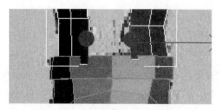

图 7.63

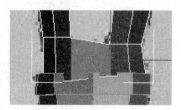

图 7.64

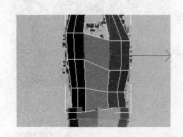
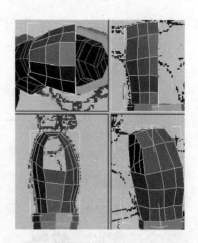

图 7.65 图 7.66

7.4.3 创建袖子

(1) 在"选择"卷展栏中，选择"边界"子对象模式 。

(2) 选择袖口周围的其中一个边，现已选中整个周界。

(3) 在前视图中，使用"Shift＋移动"的方法创建两个用于创建袖子的挤出。

(4) 调整各个视图中的顶点，如图 7.67 所示，以便符合参考图像。

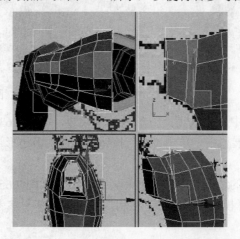

图 7.67

7.4.4 添加细节

(1) 单击 调整各个视图中的顶点，以便符合参考图像。

(2) 选择腋窝下的边。

(3) 单击"环形"按钮以展开选择，如图 7.68 所示。

(4) 单击"连接"以添加连接先前所选边的边线。

(5) 调整边和顶点位置以使袖口更合适，如图 7.69 所示。

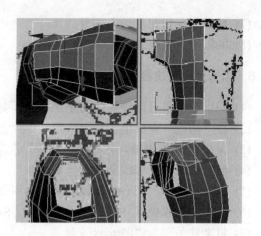

图 7.68

图 7.69

7.4.5　创建领口

(1) 在"选择"卷展栏中，确保"边"子对象模式仍被选中✅。

(2) 在"顶"视图中，选择如图 7.70 所示的边。

(3) 连接选定的边。

(4) 切换到顶点选择模式▧。使用"移动"工具微调基于参考图像的领口图形，如图 7.71 所示。

(5) 在"选择"卷展栏中，选择"多边形"模式▧。

(6) 选择领口线上方的多边形，如图 7.72 所示。

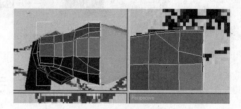

图 7.70

图 7.71

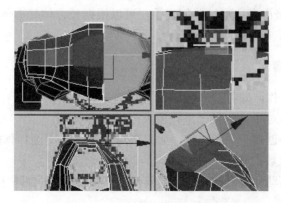

图 7.72

(7) 按 Delete 键可删除不需要的面。

(8) 编辑子对象模式。

7.4.6 添加对称修改器

(1) 确保选中了已部分构建的 T 恤，且不处于子对象模式下。

(2) 在"修改"面板中，从"修改器"列表中选择"对称"修改器。

(3) 保留 X 为镜像轴，并打开"翻转"选项。

(4) 展开"对称"修改器并选择"镜像"。

(5) 在前视口中，向右移动镜像线，直到获得调整好的 T 恤为止，如图 7.73 所示。

(6) 退出子对象模式并将对象重命名为"Shirt"。

(7) 将文件另存为"03.max 文件"。

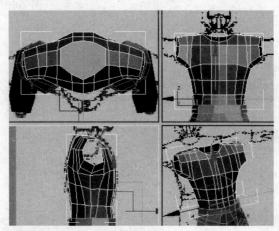

图 7.73

7.5 创 建 手 臂

本节将为直升机飞行员创建手臂。对于上臂和前臂，可以使用对裤子建模时的建模技术，即使用圆柱形和挤出多边形。要创建手，可以根据长方体基本体构建。稍后，将手附加到手臂，并使用桥工具连接间距即可。

7.5.1 创建手臂的步骤

(1) 继续上面的操作，即打开"03.max 文件"。

(2) 在左视口中，对 T 恤的袖子进行放大。

(3) 在袖子的中心创建一个圆柱体，如图 7.74 所示。设置圆柱体的半径为 12；高度为 30；高度分段为 1；边数为 6。

(4) 在顶视图中移动并旋转圆柱体，使其与袖子相吻合，同时稍稍从袖子中伸出一点，如图 7.75 所示。

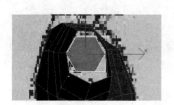

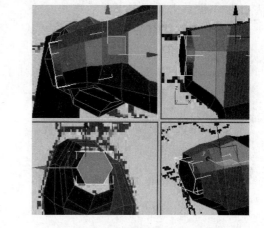

图 7.74　　　　　　　　　　　　图 7.75

(5) 右键单击该圆柱体，然后选择"转换为"→"转换为可编辑多边形"命令。

(6) 在"选择"卷展栏中，选择"多边形"模式 ■。

(7) 在左视口中，选择朝向自己的六边形。

(8) 在"编辑多边形"卷展栏中，选择"挤出"。单击并拖动选定的多边形，为二头肌创建挤出，如图 7.76 所示。

(9) 使用"移动"和"局部缩放"，调整二头肌以使它们更大，如图 7.77 所示。

(10) 创建另一个挤出以关闭肘部附近的二头肌。使用"移动"、"旋转"和"缩放"以在该层级上调整多边形，如图 7.78 所示。

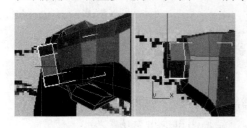
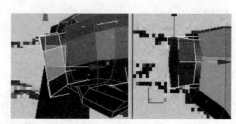

图 7.76　　　　　　　　　　　　图 7.77

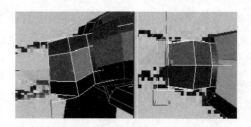

图 7.78

(11) 为肘部创建一个附加的挤出。当应该为角色设置动画时，需要此操作才能使肘部正确变形，如图 7.79 所示。

(12) 再创建两个挤出，以创建前臂。调整它们以与参考图像相适应，如图 7.80 所示。

(13) 右键单击前视口以激活它。

(14) 按 F3 键，将视口设置为线框模式。请注意，手臂在袖子中，如图 7.81 所示。

(15) 在"选择"卷展栏中，选择"顶点"选择模式 。

(16) 在视口中调整顶点，以在手臂和袖子之间获得更好的流，如图 7.82 所示。

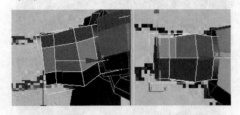

图 7.79

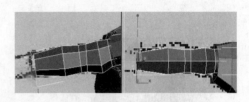

图 7.80

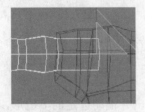

图 7.81

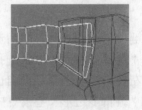

图 7.82

(17) 再次按 F3 键，将视口设置为着色模式。

(18) 完成后退出子对象模式。

7.5.2 创建手

(1) 继续上面的操作。

(2) 在前视口中，对手部草图进行放大。

(3) 使用如图 7.83 所示的参数创建长方体。

(4) 使用"移动"工具在顶视图和前视图中正确放置长方体，如图 7.84 所示。

(5) 右键单击该长方体，然后选择"转换为"→"转换为可编辑多边形"。

(6) 在"选择"卷展栏中，选择"顶点"选择模式 。

(7) 使用"区域"选择，围绕顶视图移动顶点，以遵循手背面的图形，如图 7.85 所示。

图 7.83

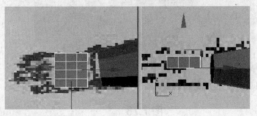

图 7.84

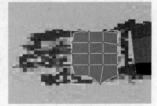

图 7.85

注意：在顶视图中使用"区域"选择以确保所选择的是垂直边上的顶部和底部顶点，这一点很重要。

(8) 在"选择"卷展栏中，选择"边"选择模式 ◁。

(9) 在左视图中，选择分隔手指的三条垂直边，如图 7.86 所示。

(10) 在"编辑边"卷展栏中，单击"切角"右侧的"设置"按钮。

(11) 在弹出的对话框中将切角量设为 0.5，以分隔将用于创建手指的多边形，单击"确定"按钮退出该对话框。

(12) 在"选择"卷展栏中，选择"多边形"模式 ■。

(13) 在左视图中，选中代表食指的多边形，如图 7.87 所示。

(14) 在"编辑多边形"卷展栏中，选择"倒角"按钮。

(15) 单击并拖动选定的多边形，直到其达到第一个指节。稍微向下移动鼠标指针以缩小选定的多边形，如图 7.88 所示。

注意：　"倒角"工具的操作与组合的挤出/缩放工具相似。也可以使用"挤出"命令，然后采用均匀或非均匀的方式手动缩放选定的多边形。

(16) 为指节创建另一个挤出/倒角，在该处提供的额外细节将确保在设置动画时手指正确变形。

(17) 继续倒角手指到手指尖，如图 7.89 所示。

图 7.86

图 7.87

图 7.88

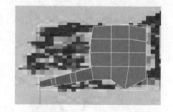

图 7.89

(18) 对其他手指重复该步骤。完成后，手的外观如图 7.90 所示。

(19) 在透视视图中，选择代表拇指的多边形，如图 7.91 所示。

(20) 使用"倒角"工具就像创建拇指时执行的操作一样容易。但是，每次挤出时，需要在顶视图中补偿旋转工具，以稍微弯曲拇指，如图 7.92 所示。

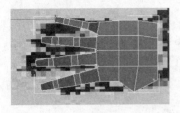
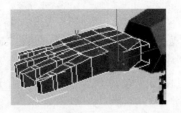
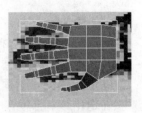

图 7.90   图 7.91   图 7.92

(21) 在"选择"卷展栏中，选择"顶点"选择模式 。

(22) 选中食指尖的全部四个顶点。

(23) 展开"软选择"卷展栏，然后启用"使用软选择"。

(24) 启用"边距离"，将其值设置为 4，这将确保软选择不会超出四个边，因此也不会影响相邻的手指，如图 7.93 所示。

(25) 在前视图中移动并旋转手指，以便为其赋予一个更放松的外观，如图 7.94 所示。

(26) 另外也调整其他手指。使用移动旋转和缩放为手部赋予合理的比例，如图 7.95 所示。

(27) 调整腕部周围的顶点，使该侧面变得更圆，如图 7.96 所示。

图 7.93

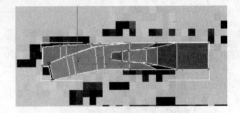

图 7.94

图 7.95

图 7.96

注意：可以根据自己的喜好启用或禁用"软件选择"模式使腕部变圆。

(28) 完成后退出子对象模式。

7.5.3　附加和桥接对象

(1) 继续上面的操作。

(2) 选择 Arm 对象。

(3) 在"编辑几何体"卷展栏上，单击"附加"按钮。

(4) 在任何视口中单击手部以将其连接到手臂。

(5) 右键单击以退出"附加"命令。

(6) 在"选择"卷展栏中，选择"多边形"模式█。

(7) 选择手和手臂上彼此面对的多边形，如图 7.97 所示。

(8) 在"编辑多边形"卷展栏中，单击"桥"旁边的"设置"按钮。

(9) 在弹出的对话框中默认设置应该即已够用，但请试着为"扭曲"和"分段"设置值，以查看最终结果。请记住，只有在单击"确定"按钮之后才可以保留更改，如图 7.98 所示。

(10) 如果需要这样做，请转到顶点选择模式，并微调腕部周围的区域，如图 7.99 所示。

  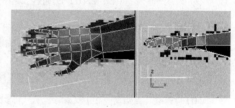

图 7.97　　　　　　　图 7.98　　　　　　　　　图 7.99

(11) 完成后退出子对象模式。

(12) 将对象重命名为"Arm_Right"。

7.5.4　镜像并克隆手臂

(1) 继续上面的操作。

(2) 在前视图中，选择"Arm_Right"对象。

(3) 从主工具栏中，选择"镜像"工具█。

(4) 让"轴"保持为 X 不变的情况下，选择"实例"克隆选项。单击"确定"按钮退出该对话框。

(5) 在前视图或顶视图中移动克隆手臂，如图 7.100 所示，以将其重新正确定位。

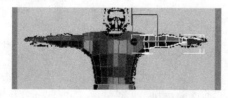

图 7.100

(6) 将克隆重命名为"Arm_Left"。

(7) 将文件另存为"04.max"。

7.6 创建头盔

本节将为直升机飞行员创建头盔。到目前为止,我们已经使用简单的基本对象(如长方体、圆柱体或平面)开始构建零件模型。当然,您可以使用其中一个基本体构建头盔的模型,但是,本节将介绍其他方法,即使用挤出的图形作为模型底座。

7.6.1 创建头盔的步骤

(1) 继续上面的操作,即打开"04.max"。

(2) 在左视口中,对头盔进行放大。

(3) 打开"创建"菜单,选择"图形"→"线"。

(4) 在开始创建头盔图形之前,在"初始类型"和"拖动类型"中将"线创建"模式设置为"角点",如图7.101所示,这将确保所有线分段都是线性的。

注意:创建低多边形模型时,尽可能远离传输到多个面的曲线。之后还可以始终添加
　　　更多细节,就像在7.5节中学到的一样,无需从网格中删除细节即可轻松添加。

(5) 创建头盔的轮廓,如图7.102所示确保通过单击起始点闭合样条线。

(6) 转至"修改"面板 ,从"修改"列表中,应用"挤出"修改器。

(7) 将"挤出量"设置为10个单位左右。

(8) 在任何视口右键单击对象,并将其转换为"可编辑多边形"。

(9) 在选择卷展栏中,选择"多边形"按钮 ,如图7.103所示。

(10) 在左视图中,选择代表头盔的多边形。

(11) 在"编辑多边形"卷展栏中,选择"倒角"旁边的"设置"框。

(12) 在出现的对话框中,将"高度"设置为10,将"轮廓量"设置为-3。单击"应用"按钮,以应用更改,而无需退出对话框。

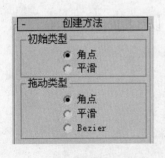

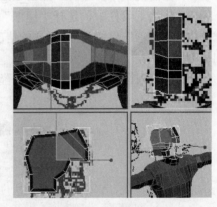

图7.101　　　　　　　図7.102　　　　　　　图7.103

注意:可以单击"倒角"按钮,然后在单击和拖放时应用倒角命令。

（13）在"倒角多边形"对话框中，将"高度"更改为 5，将"轮廓量"设置为-5。执行其他挤出。单击"确定"按钮以应用更改并退出对话框，最终效果如图 7.104 所示。

（14）在任何视口中右键单击头盔，然后选择"属性"。

（15）在出现的对话框中，启用"显示属性"组中的"透明"模式，单击"确定"按钮退出该对话框。现在，头盔是半透明的，您可以看到背景参考图像。

（16）在"选择"卷展栏中，选择"顶点"选择模式 。

（17）使用"移动"工具，调整内部顶点，以围绕耳朵遵循圆形的凹凸，如图 7.105 所示。

（18）切换回"多边形"模式，并注意"外侧"多边形仍然处于选定状态。

（19）挤出或倒角选定的多边形，以在耳朵级别创建凹凸，如图 7.106 所示。

（20）在前视图中，切换到顶点选择模式，选择头盔左侧的 3 列顶点。

（21）使用"旋转"工具慢慢旋转选定的顶点以遵循参考图像，如图 7.107 所示。

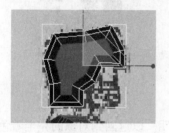

图 7.104

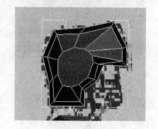

图 7.105

图 7.106

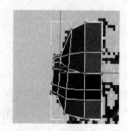

图 7.107

7.6.2　创建开口

（1）继续上面的操作。

（2）调整透视视图，以便从低的角度观看头盔。

（3）确保您处于"多边形"选择模式 ，选择内部多边形，它位于对称平面上，如图 7.108 所示。

（4）按键盘上的 Delete 键删除选定的多边形。

（5）选择"边"选择模式，并选择以下边，如图 7.109 所示。

（6）在"编辑边"卷展栏中，单击"连接"以创建一组连接以前选定多边形的边。

（7）返回多边形选择模式，然后选择要删除的多边形，如图 7.110 所示。

(8) 按 Delete 键可以删除选定的多边形。

(9) 转到顶点选择模式，然后在"前"视图和"左"视图中调整顶点，如图 7.111 所示，以便它们沿着背景中的参考图像。

图 7.108

图 7.109

图 7.110

图 7.111

(10) 完成后退出子对象模式。

(11) 右键单击对象，然后执行"属性"，禁用"透明"以返回到对象的完全着色的视图。

(12) 禁用"背面消隐"以查看制作头盔的多边形的两侧，然后单击"确定"按钮退出该对话框。

7.6.3 应用"对称修改器"

(1) 继续上面的操作。

(2) 确保选中头盔，同时确保其不在子对象模式中。

(3) 从"修改"面板中，应用"修改器"列表中的"对称"修改器。

(4) 将"镜像轴"设置为 Z，对参数不进行任何其他调整，如图 7.112 所示。

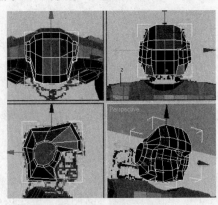

图 7.112

(5) 重命名对象 "Helmet"。

(6) 将文件保存为 "05.max"。

7.7　创　建　面　盔

本节将为直升机飞行员创建 "面盔"。此方法与创建 T 恤的方法非常相似。也是从简单的平面对象开始，并编辑其边。

7.7.1　创建面盔的步骤

(1) 继续上面的操作，即打开 "05.max"。

(2) 在前视口中，对头盔进行放大。

(3) 创建平面对象作为面盔的底座。将长度设置为 10，将宽度设置为 5，确保 "长度分段" 和 "宽度分段" 均为 1。

(4) 将平面稍微定位到头部对称轴的左侧，如图 7.113 所示。

(5) 在左视图中，根据参考图像将面盔移到正确的位置，如图 7.114 所示。

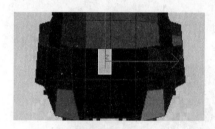
图 7.113

图 7.114

(6) 使用四元菜单将平面转换为可编辑多边形。

(7) 转至 "修改" 面板，在 "选择" 卷展栏中，选择 "边" 选择模式 ◁ 。

(8) 在前视图中，选择面盔左侧的垂直边。

(9) 按住 Shift 键并将选定边移到左侧以创建挤出，如图 7.115 所示。

(10) 在左视图中，将选定边稍微移动到左侧以遵循面部轮廓，如图 7.116 所示。

(11) 重复最后三个步骤，以将面盔带入头盔，如图 7.117 所示。

图 7.115

图 7.116

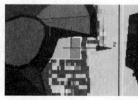
图 7.117

(12) 在 "选择" 卷展栏中，选择 "顶点" 选择模式 。

(13) 调整顶点以使面盔图形更好，如图 7.118 所示。

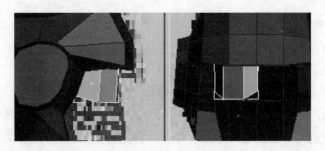

图 7.118

(14) 完成后退出子对象模式。

7.7.2　镜像面盔

(1) 继续上面的操作。

(2) 确保选定面盔，同时确保其不在子对象模式中。

(3) 从"修改器"列表中，应用"对称"修改器。

(4) 保留 X 为镜像轴，并选中"翻转"选项，如图 7.119 所示。

(5) 展开对称修改器并选择"镜像"。

(6) 在前视图中，将镜像行移到右侧，直到获得完全对称的左侧面盔。

(7) 完成后退出子对象模式，如图 7.120 所示。

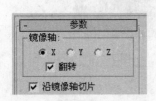

图 7.119

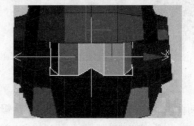

图 7.120

(8) 将对象重新命名为"Visor"。

(9) 将文件保存为"06.max"。

7.8　创建氧气面罩

本节将为直升机飞行员创建"氧气面罩"。此方法与创建面盔和 T 恤的方法相同，即使用简单的平面对象并编辑其边和顶点以构建模型。

7.8.1　创建氧气面罩的步骤

(1) 继续前面的操作，即打开"06.max"。

(2) 在前视口中，对头部进行放大。

(3) 创建平面对象作为氧气面罩的底座。将长度设置为 10，宽度设置为 5，确保"长度分段"和"宽度分段"均为 1。

(4) 将平面稍微定位到头部对称轴的左侧，其顶部与面盔相交，如图 7.121 所示。

(5) 在左视图中，移动面罩以使其刚好位于面盔的内部，如图 7.122 所示。

(6) 使用四元菜单将平面转换为可编辑多边形。

(7) 转至"修改"面板，在"选择"卷展栏中，选择"边"选择模式◁。

(8) 在前视图中，选择平面底部的水平边。

(9) 在左视图中，使用"移动"和"Shift＋移动"的方法以围绕面罩的周界挤出选定的边。将背景图像用作参考，如图 7.123 所示。

(10) 在前视图中，选择选定对象左侧的其中一个垂直边。

(11) 在"选择"卷展栏中，单击"循环"以选择连接到原始对象的所有垂直边。

(12) 仍然在前视图中，按住 Shift 键，然后将选定的边移到左侧以创建挤出，如图 7.124 所示。

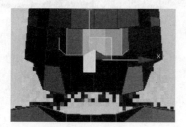

图 7.121

图 7.122

图 7.123

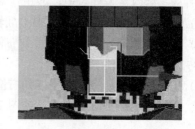

图 7.124

(13) 使用均匀缩放，在左视图中将选定的边缩小约为原始尺寸的 80%，如图 7.125 所示。

(14) 切换到顶点选择模式。使用"移动"工具，调整顶点的位置，如图 7.126 所示。

(15) 切换回"边"选择模式。请注意，之前选定的边仍然高亮显示。

(16) 在前视图中，使用"Shift＋移动"的方法创建其他的挤出。

(17) 在左视图中，将选定边缩小约为原始尺寸的 35%，然后将它们移到头盔区域的内部，如图 7.127 所示。

(18) 切换回顶点模式，并微调顶点的位置以获得图形较好的氧气面罩，如图 7.128 所示。

图 7.125

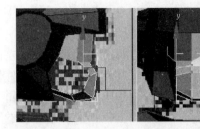

图 7.126

图 7.127

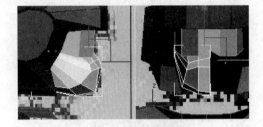

图 7.128

(19) 完成后退出子对象模式。

7.8.2 镜像氧气面罩

(1) 继续上面的操作。

(2) 确保选中该面罩，同时确保其不在子对象模式中。

(3) 从"修改器"列表中，应用"对称"修改器。

(4) 保留 X 为镜像轴，并选中"翻转"选项，如图 7.129 所示。

(5) 在前视图中，将镜像行移到右侧，直到获得完全对称的左侧面罩。展开"对称"修改器并选择"镜像"。

(6) 在前视图中，将镜像行移到右侧，直到获得完全对称的左侧面罩。

(7) 完成后退出子对象模式，如图 7.130 所示。

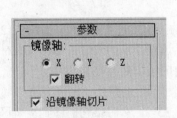

图 7.129

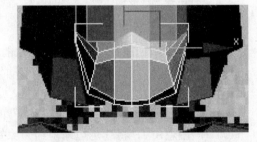

图 7.130

(8) 重命名对象"Oxygen_Mask"。

(9) 将文件保存为"07.max"。

7.9　创　建　颈　部

本节将为直升机飞行员创建"颈部"。由于颈部必须与衬衫的领口一致，因此，最好使用领口创建需要构建颈部的基本对象。这就是本节将采取的方法。

7.9.1　创建颈部的步骤

(1) 继续上面的操作，即打开"07.max"。

(2) 在所有四个视口中放大颈部区域。

(3) 选择"衬衫"对象。

(4) 右键单击衬衫，并使用四元菜单将其转换为"可编辑多边形"。

(5) 转至"修改"面板 .

(6) 在"选择"卷展栏中，选择"边界"选择模式 .

注意：此时，可能已选定几个边。单击衬衫外部的任意位置可取消选择任何子对象。

(7) 单击领口线周围的任何边，现已选中整个周界。

(8) 按住 Shift 键，将选定的边缩小约为原始尺寸的 70%，如图 7.131 所示。

(9) 稍微向上移动选定的边，同时面向飞行员背面，如图 7.132 所示。

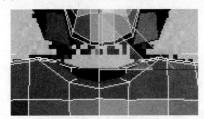 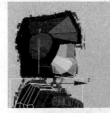 

图 7.131　　　　　　　　　　　　　　　图 7.132

(10) 在"编辑几何体"卷展栏中，单击"分离"按钮。

(11) 在弹出的对话框中将对象名称更改为"Neck"，并确保两个选项都处于禁用状态。单击"确定"按钮退出此对话框。将所有选定的边和其连接的多边形分离为单独的对象，如图 7.133 所示。

(12) 退出子对象模式，然后选择新的"Neck"对象。

(13) 更改对象的线框颜色，以使其与衬衫有所区别，如图 7.134 所示。

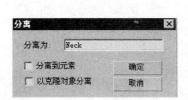 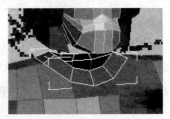

图 7.133　　　　　　　　　　　　　　　图 7.134

7.9.2 调整颈部

(1) 继续上面的操作。

(2) 在"选择"卷展栏中，选择"边"选择模式。请注意，仍然选中顶部边。

(3) 在前视图中，按住并稍微向上移动选定的边以创建新的挤出，如图 7.135 所示。

(4) 使用变换工具，如"移动"、"旋转"、"非均匀缩放"调整选定的边，如图 7.136 所示。

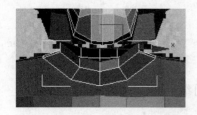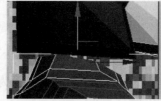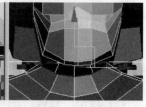

图 7.135 图 7.136

(5) 重复最后两个步骤以创建最后的颈部挤出。将其定位在头盔的内部，并调整其比例。最终效果如图 7.137 所示。

(6) 完成后退出子对象模式。

(7) 选择头盔、面盔和氧气面罩。

(8) 在前视图中，移动选定对象，以便它们居中到颈部和胸部，如图 7.138 所示。

(9) 将文件保存为"08.max"。

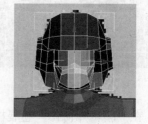

图 7.137 图 7.138

7.9.3 检查面数

现在，模型已完成，接下来将检查场景的摘要信息以验证场景中的面数。还可以通过键 7 来检查选定对象上的面数。选定对象的面数随后将显示在视口的左上角，它是一个在构建对象模型时激活的方便工具。但是，执行"文件"→"摘要信息"命令，将计算制作整个场景的面数。

(1) 继续上面的操作，即打开"08.max"。

(2) 从"文件"菜单中，选择"摘要信息"命令。

(3) 在"网格总计"组中，验证制作场景的面数。对于本案例，面数应该不超过 1000 个，如图 7.139 所示。

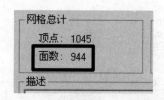

图 7.139

7.10　创建平滑组

现在就可以创建组成直升机飞行员的所有组件。然而，当在视口中查看结果时，对象的外观呈面状。有些修改器将通过为对象添加几何体解决此问题(如"网格平滑"和"涡轮平滑")，这将降低多边形建模的作用。最好通过调整对象上的平滑组来减少面数。

简而言之，两个相邻多边形不共享相同的平滑组，其由可见边分隔，提供着色的面状外观。如果两个多边形共享相同的平滑组，则边不可见，从而提供平滑的曲面效果。

【应用平滑修改器】

(1) 继续上面的操作，即打开"08.max"。

(2) 在任何视口中选择衬衫。

(3) 从"修改"面板中，应用"平滑修改器"。

(4) 在"参数"卷展栏中，选择任何平滑组数。必须强制此衬衫对象上的所有多边形共享单个平滑组，从而消除它们之间的任何可见边，如图 7.140 所示。

(5) 选择裤子，并应用"平滑修改器"，就像对衬衫所执行的操作一样。

(6) 选择与用于衬衫不同的平滑组。另外，这将平滑多边形之间的边。在本例中，可能做得稍微过火了，因为在腰带和裤子之间有很大的边，如图 7.141 所示。

(7) 启用"自动平滑"，并将"阈值"设置为70。现在，根据您指定的角度阈值执行平滑，从而将裤子与腰带分离，如图 7.142 所示。

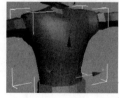

图 7.140　　　　　　　　　图 7.141　　　　　　　　　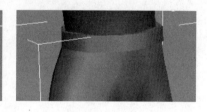

图 7.142

(8) 继续将"平滑修改器"应用于其余对象。在感觉合适的位置，尝试采用两种方法(自动平滑与手动)，将文件的完成版本命名为 09.max。最终效果如图 7.143 所示。

注意：记住，需要将"平滑"只应用于一个靴子和一条手臂，就像实例化这两个对象创建相对的肢体一样。

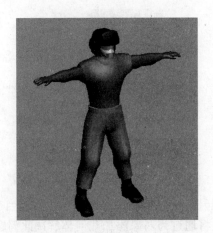

图 7.143

7.11　映色角色

本节将介绍如何使用 UVW 展开修改器映射角色，该修改器提供超出传统贴图技术的大量工具，并使用在建造低多边形角色的模型教程中为该效果构建的角色。

展开 UVW 修改器，使用诸如平面贴图或圆柱体贴图的简单方法对纹理进行贴图。还可以使用更多的详细方法(如毛皮贴图)对纹理进行贴图，以在裤子周围无缝贴图伪装的纹理，最终效果如图 7.144 所示。

图 7.144

本节将介绍如下知识点。

(1) 将材质应用到对象。

(2) 应用 UVW 修改器。

(3) 使用简单的贴图技术，如平面或圆柱体。

(4) 使用材质 ID 以分割贴图类型。

7.11.1　映射衬衫

本节将使用 UVW 修改器将 T 恤映射到直升机飞行员上。由于前面已经提供了材质，现在您只需将它们应用于对象，然后使用正确的映射技术即可。

1. 将该材质应用于衬衫

(1) 加载游戏男性角色 unwrap_uvw 下的 pilot01.max 文件。

(2) 在透视视口中，对飞行员的衬衫进行放大。

(3) 按 M 键可访问"材质编辑器"。

(4) 找到名为 Pilot_Shirt_Boots_&_Belt(应该尚未选定)的材质。拖动该材质到"透视"视图中的衬衫上。衬衫变为黑色。

(5) 关闭"材质编辑器"。

(6) 选中"衬衫"，然后转至"修改"面板 🖌️。

(7) 从"修改器"列表中选择"UVW 展开"。

(8) 展开"UVW 修改器"，然后选择子对象模式的"面"，如图 7.145 所示。

(9) 按组合键 Alt＋W 可切换到四个视图的配置。

(10) 调整前视图中的缩放因子，以便可以看到 T 恤的全貌。

(11) 使用"区域选择"，使窗口围绕衬衫。只选中面向前视口的那些多边形。注意，在"选择参数"卷展栏中，默认情况下将面选择设置为"忽略朝后部分"，如图 7.146 所示。选择的面如图 7.147 所示。

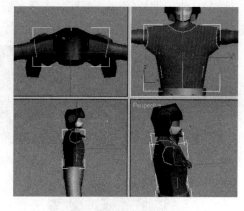

图 7.145　　　　　　　　图 7.146　　　　　　　　　　　　图 7.147

(12) 在"贴图参数"卷展栏中，单击"平面"按钮。在这种情况下，使用正确的方向和大小创建平面 gizmo，如图 7.148 所示。

(13) 再次单击"平面"按钮以将其禁用。

(14) 在"参数"卷展栏中，单击"编辑"，将出现"编辑 UVW"对话框，在方格背景下显示选定的多边形。

(15) 在对话框的右上角，从下拉菜单中，选择显示 T 恤纹理的贴图，这将方格背景变为贴图的平铺版本，该贴图是应用于对象的材质的一部分。

(16) 在对话框的右下角,单击"选项"按钮。

(17) 在出现的"位图选项"组中,将"亮度"设置为1.0,使背景图像更易于被读取,如图7.149所示。

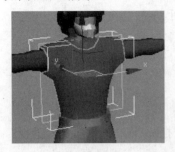

图 7.148 　　　　　　　　　　　　　　　　图 7.149

(18) 在该对话框的主工具栏上,确保选定"自由形式模式"工具。

将光标放置在表示选定多边形的红色区域周围 gizmo 的右下角,您现在处于"缩放"模式。单击并拖动以缩放选择,直到T恤的大小基本位于背景中,如图7.150所示。

(19) 放大对话框中的该区域。可以使用鼠标滚轮缩放和平移,就像在视口中的操作一样。

(20) 将光标放置在选定多边形区域的内部的任意位置,现在即处于"移动"模式。将选定的多边形重新放置在其上有"ARMY"标签的T恤上,如图7.151所示。

(21) 在该对话框底部的"选择模式"组中,选择"顶点"子对象模式。

(22) 使用区域选择,选择组成躯干上半部(包括手臂)的所有顶点,如图7.152所示。

(23) 使用缩放(角框)和移动(选择区域内部的光标),调整顶点以便这些顶点都包含在T恤图像内部,如图7.153和图7.154所示。

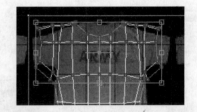

图 7.150 　　　　　　图 7.151 　　　　　　图 7.152

图 7.153 　　　　　　　　　　图 7.154

(24) 继续选择并调整顶点组以适合背景中线框的结构。始终尝试保持顶点流以防止纹理中的任何拉伸,尤其其上具有图案或标签时,如图7.155所示。

2．映射衬衫的背面

(1) 右键单击前视口左上角的标签，从出现的菜单中，选择"视图"→"背面"。

(2) 在"修改器"堆栈中，将"UVW 展开"子选择模式切换为"面"。

(3) 在后视口中进行区域选择，以选择组成 T 恤背面的所有多边形。

(4) 在"贴图参数"卷展栏中，单击"平面"按钮一次以重置选定面的贴图坐标。

(5) 多次单击"平面"按钮以将其禁用。

(6) 像以前一样使用"缩放"和"移动"模式，将背面放置在背景图片中 T 恤的背面上部，如图 7.156 所示。

(7) 在该对话框底部的"选择模式"组中，选择"顶点"子对象模式。

(8) 就像以前一样，调整顶点组以适合背景图像顶部的线框结构，如图 7.157 所示。

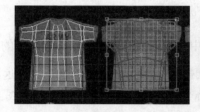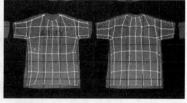

图 7.155　　　　　　　　　　　图 7.156　　　　　　　　　　图 7.157

(9) 完成后退出"编辑 UVW"对话框。

(10) "后"视图再次变为"前"视图。

(11) 在"修改器"堆栈中，退出子对象模式。

(12) 将文件另存为"my_pilot_shirt.max"。

7.11.2　映射头盔

本节将使用"展开 UVW 修改器"映射直升机飞行员的头盔。与 T 恤不同，头盔无法很轻松地利用平面投影进行映射。本节将使用圆柱形投影进行映射。

1．将材质应用于头盔

(1) 继续使用上一节完成的文件或加载位于游戏男性角色 unwrap_uvw 下的文件 pilot02.max。

(2) 在透视视口中，对飞行员的头盔进行放大。

(3) 按 M 键访问"材质编辑器"。

(4) 查找名为 Pilot_Head 的材质。拖动该材质到"透视"视图中的头盔上。

(5) 关闭"材质编辑器"。

2．映射头盔

(1) 选择"头盔"，然后转至"修改"面板 。

(2) 从"修改器"列表中选择"展开 UVW"。

(3) 展开"UVW 修改器"，然后选择子对象模式的"面"，如图 7.158 所示。

(4) 在"选择参数"卷展栏上，禁用"忽略朝后部分"，如图 7.159 所示。

(5) 使用区域选择以选择制作头盔的所有面，整个头盔将变红。

(6) 在"贴图参数"卷展栏中，单击"柱形"按钮。圆柱形贴图 gizmo 将出现，但其尺寸和方向不正确，如图 7.160 所示。

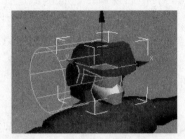

图 7.158   图 7.159   图 7.160

(7) 在"贴图参数"卷展栏中，单击"对齐 Y"以调整头盔的 gizmo，如图 7.161 所示。

注意：仔细观察并注意圆柱形 gizmo 正面的垂直绿色边，这表示该边用于展开贴图。需要旋转头盔后面的边，以使其与指定给材质的贴图更和谐。

(8) 从主工具栏中选择"旋转"工具，并将"坐标系"设置为"局部"。

(9) 按 A 键以启用"角度捕捉"。

(10) 在透视视图中，旋转 Z 轴(蓝色)上的 gizmo 180 度，直到绿色边位于头部的后面，如图 7.162 所示。

(11) 在"参数"卷展栏中，单击"编辑"以访问"编辑 UVW"对话框。根据方格图案展开选定的面，但是不可能有 100%的对称，如图 7.163 所示。

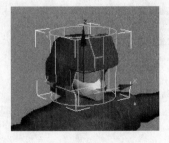

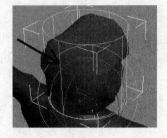

图 7.161   图 7.162   图 7.163

(12) 再次旋转 Z 轴上的 gizmo 5 度，如图 7.164 所示。请注意，应将选定的面完美固定到对称布局。

(13) 在"贴图参数"中，单击"圆柱形"按钮以退出该模式。

(14) 从贴图下拉列表中，选择在材质中定义的头盔贴图，如图 7.165 所示。

(15) 确保对话框右下角的"选项"按钮处于活动状态。

(16) 在"位图选项"组中，将"亮度"设置为 1.0，使背景图像更易于读取。

(17) 在该对话框的主工具栏上，确保选定"自由形式模式"工具 ▣。

(18) 将光标指向框的一角，以缩放选定的面或指向选择的任意处，以移动选定的面。

(19) 对选定面进行初步调整，以适合背景图像，如图 7.166 所示。

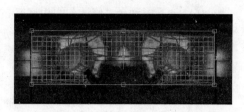

图 7.164　　　　　　　　图 7.165　　　　　　　　　图 7.166

(20) 在该对话框底部的"选择模式"组中，选择"顶点"子对象模式，如图 7.167 所示。

(21) 像您在上一练习中执行的操作一样调整顶点的组，如图 7.168 所示。

(22) 完成后退出"编辑 UVW"对话框。在"修改器"堆栈中，退出子对象模式。

(23) 如果有时间，请尝试制作面盔和氧气面罩，出现与头盔相同的工作流(圆柱形贴图)，同时应该指定相同的材质，如图 7.169 所示。

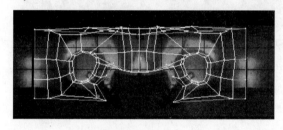

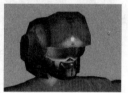

图 7.167　　　　　　　　　　　　　图 7.168　　　　　图 7.169

(24) 执行操作时，将文件另存为"my_pilot_helmet.max"。

7.11.3　映射裤子

本节将借助"UVW 展开"修改器，使用伪装图案为直升机飞行员的裤子设置贴图。使用常规贴图方法很难对裤子设置贴图，特别是在没有像素拖影和拉伸功能的情况下使用伪装图案时。使用多个平面和圆柱形贴图可能可以让图案保持一致，但又会带来缝合问题。在这种情况下最好使用"毛皮贴图"。

另外一个约束是腰带，这也是裤子对象的一部分。由于腰带使用的材质与裤子的其他部分不同，因此需要应用"多维/子对象材质"，并分别为这两种元素设置贴图(对裤子使用毛皮贴图，对腰带使用更简单的圆柱形贴图)。

1. 调整材质 ID

(1) 继续使用上一节完成的文件或加载位于\tutorials\unwrap_uvw 下的 pilot03.max 文件。

(2) 在所有的视口中都对飞行员的裤子进行放大。

(3) 选中"裤子"并转至"修改"面板 。

(4) 在堆栈中展开"编辑多边形"修改器，然后选择"多边形选择"模式。

(5) 在前视口中使用"区域选择"选中可以拼凑成裤子对象的所有面(裤子＋腰带)。

(6) 向下滚动至"修改"面板底部的"多边形属性"卷展栏，将 ID 值设为 1。"设置 ID"值会设置将应用"多维/子对象材质"定义中第一个材质的所有面，如图 7.170 所示。

(7) 使用窗口选择构成腰带的所有面 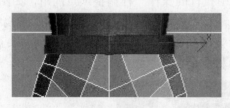，如图 7.171 所示。

(8) 在"多边形属性"卷展栏中，将材质 ID 值设为 2，代表腰带的选定面将被应用多维/子对象材质定义中的第二个材质。

(9) 单击视口中的某个空白区域，取消对所有多边形的选择。

(10) 退出子对象选择模式，然后转至堆栈顶部，如图 7.172 所示。

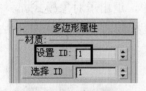

图 7.170	图 7.171	图 7.172

2. 将材质应用于裤子

(1) 在透视视口中，放大飞行员的裤子。

(2) 按 M 键访问"材质编辑器"。

(3) 找到名为"Pilot_Pants"的材质并选中它，这是一种"多维/子对象"材质，具有两个已定义的子材质，如图 7.173 所示。

(4) 拖动此材质到"透视"视图中的裤子上。

(5) 关闭"材质编辑器"。

3. 创建毛皮缝

使用毛皮贴图时，最好是从定义毛皮缝入手。毛皮缝与"UVW 贴图"修改器用来展开"毛皮"贴图的虚拟"切割"线相似。

(1) 选中"裤子"，然后转至"修改"面板 ☞。

(2) 从"修改器"列表中选择"UVW 展开"。

(3) 最大化"透视"视图，然后按 F4 键以启用"边面"模式(如果它尚未启用)。

(4) 按 F3 键，以线框模式显示该视图。

(5) 展开"UVW 展开"修改器，然后选择"边选择"模式。

(6) 在"参数"卷展栏中将"显示"选项设置为"不显示接缝"，如图 7.174 所示。现有的绿色接缝将使蓝色的毛皮接缝难以看到。

(7) 选择腰带后部中心的垂直边，如图 7.175 所示。

(8) 在"选择参数"卷展栏中，单击"循环"。现在，即在从后到前围绕两腿的循环选

定了边，如图 7.176 所示。

图 7.173

图 7.174

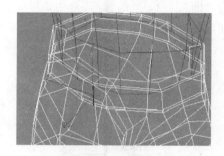

图 7.175

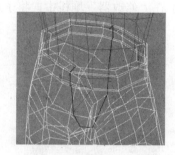

图 7.176

注意：此时可以将这种对边的选择转换为毛皮缝，但对于裤子的背部确实只需要这些选定的边即可。可以取消对不需要的边的选择，也可以使用另一种名为"点到点的接缝"的方法。

(9) 单击视口中的某个空白区域，取消对边的选择。在命令面板的最底部，单击"点对点接缝"按钮，如图 7.177 所示。

(10) 在毛皮上单击希望开始毛皮缝的点，如图 7.178 所示。

(11) 对裤子进行弧形旋转，以从更低的角度对其进行查看，然后单击裤腿的中间，如图 7.179 所示。

(12) 右键单击以接受接缝，现在就有了一条沿着臀部往下的毛皮缝，如图 7.180 所示。

图 7.177

图 7.178

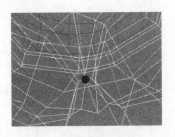

图 7.179

图 7.180

(13) 重复该点对点过程，为一条腿创建一条沿着其内侧往下的毛皮缝。

(14) 重复该过程，为另一条腿创建一条沿着内侧往下的毛皮缝，如图 7.181 所示。

(15) 再次按 F3 键，将视图返回着色模式。

(16) 在"修改器"堆栈中，将子选择模式设为"面"。

(17) 在"选择参数"卷展栏上，禁用"忽略朝后部分"，如图 7.182 所示。

图 7.181

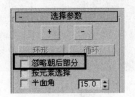

图 7.182

(18) 使用"区域选择"选择构成裤子的所有面，这些面在视口中将变红。

(19) 在"贴图参数"卷展栏中，单击"毛皮"按钮，视口中将出现一个与"平面"贴图类型不同的 gizmo。

(20) 单击"对齐 Y"按钮将 gizmo 在"前"方向上对齐。

(21) 在面板的最底部单击"编辑毛皮贴图"按钮，出现"编辑 UVW"对话框以及一个浮动的"毛皮贴图参数"窗口。

注意：　"编辑 UVW"对话框中显示的几何体可能与现在看到的稍有不同，会显示一个圆形的拉伸器，用于通过拉伸几何体模拟毛皮贴图。需要稍微对其进行调整才能使其正常工作。

(22) 在"贴图"下拉菜单中，选择在裤子的多维/子材质中定义的贴图，背景中将出现伪装纹理，如图 7.183 所示。

注意：　由于应用于裤子的材质是多维/子对象材质，因此材质定义中使用的所有贴图(在此例中是伪装和毛皮贴图)都会自动显示在"贴图"下拉菜单中。

(23) 在"编辑 UVW"主工具栏上，选择"缩放"工具 🔲。

(24) 将光标置于某个"拉伸器"控制点上。稍微缩放拉伸器，直到它到达伪装贴图的边界，如图 7.184 所示。

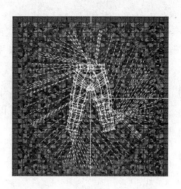

图 7.183

图 7.184

(25) 在"编辑 UVW"主工具栏上，选择"旋转"工具 ↺。

(26) 确保禁用了"角度捕捉"。将光标置于拉伸器的某个控制点上，然后旋转拉伸器以获得更对称的布局，如图 7.185 所示。

(27) 在"毛皮贴图参数"浮动对话框中单击"模拟毛皮拉动"按钮，将在所创建的毛皮缝的基础上拉伸面，如图 7.186 所示。

(28) 再单击"模拟毛皮拉动"按钮两次可以使面更加拉伸。视口中的最终结果会更好，但是稍微使贴图"松弛"一点会好一些。如图 7.187 所示。

(29) 在"毛皮贴图参数"浮动对话框中，单击"松弛(稍微)"按钮三次。密切注意视口以比较结果，如图 7.188 所示。

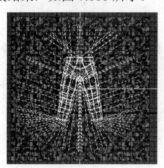

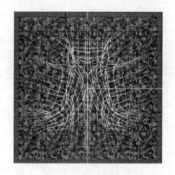

图 7.185

图 7.186

图 7.187

图 7.188

109

4. 为腰带设置贴图

与裤子不同，腰带只是一个简单的圆柱形贴图，与上一个练习中使用的头盔非常类似。

(1) 在"修改器"堆栈中，将"UVW 展开"选择模式切换为"面"。

(2) 在"贴图参数"卷展栏中，单击"毛皮"按钮退出此模式。

(3) 单击视口中的某个空白区域以取消选择面。

(4) 在"编辑 UVW"对话框中，展开面 ID 下拉菜单，如图 7.189 所示。

(5) 从列表中选择"2: Pilot_Belt"(标准选项)，这样仅会选中构成腰带的面，如图 7.190 所示。

注意：请注意为了反映出与材质 ID 的关联面关联的贴图，背景是如何自动切换的。

(6) 使用"编辑 UVW"窗口中的"区域选择"选择构成腰带的所有面。相应的面也会在视口中被选中，如图 7.191 所示。

图 7.189   图 7.190   图 7.191

(7) 按 F3 键启用线框模式。

(8) 在"贴图参数"卷展栏中单击"圆柱形"，然后单击"对齐 Z"，以使圆柱形 gizmo 与腰带对齐，如图 7.192 所示。

(9) 确保启用了"角度捕捉"，并在 Z 轴(蓝色轴)上旋转 gizmo 90 度，使绿色的接缝处于背面，如图 7.193 所示。

(10) 在"贴图参数"卷展栏中，单击"拟合"按钮以使 gizmo 与腰带吻合。

(11) 单击"圆柱形"按钮以将其禁用。

(12) 在"编辑 UVW"对话框的右底部单击"选项"按钮。

(13) 在出现的扩展组中将"亮度"值设为 1，以在背景中获得更好的视图。

(14) 在"编辑 UVW"主工具栏上，选择"自由形式模式"工具 ▦，如图 7.194 所示。

(15) 在"贴图参数"卷展栏中，单击"拟合"按钮以使 gizmo 与腰带吻合。

(16) 单击"圆柱形"按钮以将其禁用。

(17) 在"编辑 UVW"对话框的右底部单击"选项"按钮。

(18) 在出现的扩展组中将"亮度"值设为 1，以在背景中获得更好的视图。

(19) 在"编辑 UVW"主工具栏上，选择"自由形式模式"工具 ▦，如图 7.194 所示。

图 7.192　　　　　　　　　　　图 7.193　　　　　　　　　　　图 7.194

(20) 使用"缩放"(光标位于角控制点上)和"移动"(光标位于选择对象内)进行初步的调整，以便将选定的面置于背景图像内的腰带上，如图 7.195 所示。

(21) 再次按 F3 键，再次将视口转换为着色模式。

(22) 在"编辑 UVW"对话框中，将选择模式切换为"顶点"，如图 7.196 所示。

(23) 选择腰带线上的所有底部顶点，如图 7.197 所示。

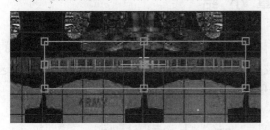

图 7.195　　　　　　　　　　　　　　　　　　　　图 7.196

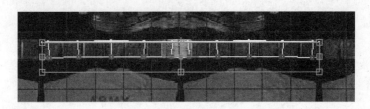

图 7.197

(24) 在"编辑 UVW"窗口的主菜单栏上，从"缩放"弹出按钮中选择"垂直缩放"工具 。

(25) 将光标置于某个选定的顶点上，然后单击并向下拖动，以拉直腰带线。

(26) 选中上面的那条腰带线，也将其拉直。

(27) 选中带扣周围的顶点。

(28) 使用"水平缩放" 和"移动"调整顶点，以在视口中获得更为美观的带扣，如图 7.198 所示。

(29) 完成后关闭"编辑 UVW"对话框。

(30) 在"修改器"堆栈中，退出子选择模式。

(31) 将文件保存为"my_pilot_pants.max"。

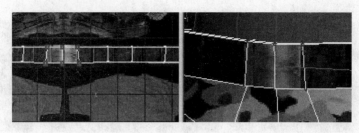

图 7.198

现在已经使用"UVW 展开"修改器应用了各种贴图，例如"平面"、"圆柱形"和"毛皮"。如果有时间，请继续为构成角色的其他对象设置贴图，如靴子、手臂和颈部等。所有的材质均已提供。请记住，只需要为一只靴子和一只手臂设置贴图，因为可以将相对的肢体作为实例创建。

本 章 小 结

本章介绍了几种使用"Unwrap 展开"修改器设置贴图的方法。您已经使用了简单的贴图技术(如平面和圆柱形)以及更为精细的技术(如毛皮贴图)无缝地围绕对象包裹纹理，这些工具适用于 3ds max 中的任何对象的贴图任务。

习　　题

名词解释

1. 展开
2. 镜像
3. 优化

简答题

1. 如何在建模之前搭建场景？
2. 请描述映射角色的大概过程。
3. 请简单陈述如何创建毛皮缝？

第 8 章

写实女性角色建模

技能点

1. 从简单对象(如，平面挤出图形)创建各种各样的复杂器官图形
2. 使用"对称"修改器创建半个模型的镜像副本
3. 变换可编辑多边形子对象来微调模型外形
4. 在需要的地方插入顶点以增加分辨率

说 明

本章将介绍各种以通常称为"平面"开始的建模技术，即使用简单的平面来建造模型。使用此创建方法几乎可以建造任何东西的模型。

本章还将如何使用"可编辑多边形"对象和"编辑多边形"修改器，如何在某些情况下使用"对称"修改器帮助采用建模方法。通过学习本章您将能够采用简单和快速的方式对任何角色进行建模。

8.1　角色面部布线

本章首先介绍角色建模中人物面部布线的一些知识。

讲究面部布线的一个最重要目的就是为了表情动画。人物内心的各种不同的心理活动，主要是通过面部表情的变化反映出来的。而面部变化最丰富的地方是眼部(眉毛)和口部，其他部位则相应地会受这两部分影响而变化。对于面部表情，必须把整个面部器官结合起来分析。单纯只有某一部分的表情不能够准确表达人物的内心活动。清楚地分析理解面部肌肉的走向分布和收缩方式，十分有利于把握面部的模型布线。

游戏模型的面数有一定的限制，但是布线不够的话就不能很好地表现想要表现的表情，因此"合理和足够的线"这个要求，是我们游戏项目表情制作的重要的制作标准。

图 8.1 是张布线相对比较理想的模型截图。线的密度分配主要集中在活动区域比较强烈的嘴部和眼睛部位。布线走向符合面部肌肉的走向，特别是鼻唇沟划分比较明显且合理。

怎样才能做到合理且足够的布线？

(1) 要想合理布好线，布线的方式一定要与肌肉运动的方向相符合，否则很难表达出想要表现的表情。

(2) 不要怕麻烦或吝啬，关键部位舍不得布线，没有足够的可控点，表情就肯定做不到位。

(3) 必须对设置、动画等有一定的了解，也就要知道运动原理和方式，只有这样才能控制好表情目标体模型的度。

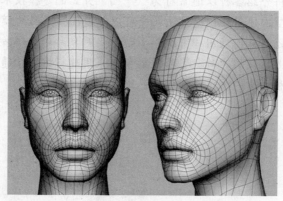

图 8.1

接下来带领大家对面部的肌肉进行观察和理解。

表情肌肉：面部表情属于皮肤，由薄而纤细的肌纤维组成。一般起于骨或筋膜，止于皮肤。收缩时牵动皮肤，使面部呈现出各种表情。

眼部和嘴部是面部最为活跃的区域，其他部位则相应地会受这两部分影响而变化。因此我们重点关注这两个部分的肌肉走向位置和运动方式。

肌肉分布如图 8.2 所示。

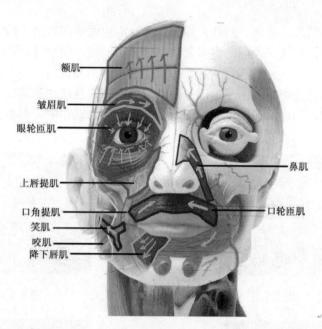

额肌
皱眉肌
眼轮匝肌
上唇提肌
口角提肌
笑肌
咬肌
降下唇肌
鼻肌
口轮匝肌

图 8.2

1. 眼部

(1) 眼部的环状眼轮匝肌，位于眼眶部周围和上、下眼睑皮下。其收缩时能上提颊部和下拉额部的皮肤使眼睑闭合，同时还在眼周围皮肤上产生放射状的鱼尾皱纹。闭眼、思考等表情都会影响到眼轮匝肌，如图 8.3 所示。

(2) 横向的皱眉肌和纵向的额肌，皱眉肌在额肌和眼轮匝肌之间靠近眉间的位置。其收缩时，能使眉头向内侧偏下的方向拉动，并使鼻部产生纵向的小沟。

(3) 降眉肌位于鼻根上部皱眉肌内侧，其中还包括降眉间肌，如图 8.4 所示。当其收缩时可以牵动眉头下降，并使鼻根皮肤产生横纹。一般来说，皱眉肌和降眉肌是共同参与表情变化的，在愁闷、思考等表情中可以使这几组肌肉紧张收缩而产生锁眉的表情。

(4) 环状的口轮匝肌和放射状的提肌可以实现很多动作，因此嘴部的布线相对密集。

(5) 口轮匝肌也称口括约肌，位于口裂上下唇周围。口轮匝肌可以看成是环形的肌肉，在位置上可以分成内、外两个部分，内圈为唇缘，外圈为唇缘外围。口轮匝肌内圈在收缩时，能紧闭口裂呈抿嘴的表情，外圈收缩，并在颏肌的作用下产生撅嘴的表情。

2. 嘴角模型线的穿插

嘴角的布线要注意上嘴唇和下嘴唇的穿插。笑肌和颧肌肉的起点是靠近下嘴唇的嘴角部。笑的时候牵动的是下嘴唇的末端，上唇是被动牵引，如图 8.5 和图 8.6 所示。

尤其要注意鼻唇沟，在布线时一定要有一条完整的环状线确定鼻唇沟。

在口部周围有称为鼻唇沟和颏唇沟的两条曲线，它是构成面部形态的主要特征，如图 8.7 所示。同时对面部表情的变化影响也比较大。鼻唇沟由上唇方肌和颧骨的上颌突构成，其位置在鼻翼两侧至嘴角两侧。颏唇沟由下唇方肌和颏隆凸构成，位于下唇边缘并向颏结节上缘逐渐消失。

鼻唇沟是将面颊部及颌分开的体表标志，鼻唇沟由面颊部有动力的组织和无动力的组织相互作用的结果而形成。人们的许多表情动作，如微笑、哭泣等，都是通过鼻唇沟形态的改变而启动的，如图 8.8 所示。例如，微笑始于鼻唇沟周围的肌肉，当它们收缩时，上唇便朝着鼻唇沟向后方牵拉，由于颊部厚厚的皮下脂肪，使唇在鼻唇沟处遇到阻力，使鼻唇沟弯曲并且加深。同样，在哭泣、示齿、咀嚼等表情及动作中，都会伴随表现出鼻唇沟的弯曲及加深。

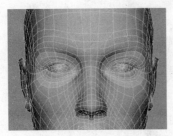

图 8.3

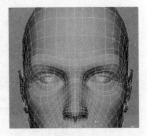

图 8.4

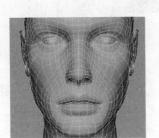

图 8.5

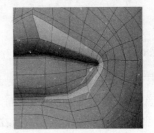

图 8.6

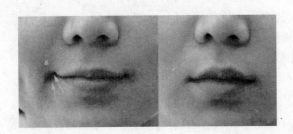

图 8.7

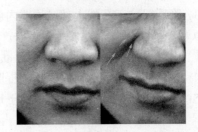

图 8.8

青少年时，面部表情及静止状态、鼻唇沟形态的变化及原状都会给人一种自然和谐的感觉。当年龄超过 30 岁时，面部逐渐出现衰老变化，尤其是鼻唇沟的加深最为明显，这是由于面部皮肤的松垂堆积于鼻唇沟的颊侧，再加以鼻唇沟 30 余年的频繁活动，故在静止状态下，鼻唇沟逐渐加深、变宽及伸长。30 岁男人有明显的鼻唇沟。

这些肌肉的形状和走向为我们的布线提供了很好的指导方向

其实当真正按着肌肉方向走，布线的基本架构就很明显了，做出来的模型就会很适合制作表情。

注意点：

(1) 如果一个模型布线合理，那么视觉上也是合理的。布线肯定是顺从肌肉和结构的，如图 8.9 所示。

(2) 特别需要注意鼻唇沟的位置。它起于嘴角外侧脸颊，终于鼻头软骨上端。线的密度上需要达到满足鼻唇沟变形隆起的需要，使之能达到饱满的形体。鼻唇沟的位置是否正确，决定着笑、哭、怒的表情好坏，如图 8.10 所示。

(3) 嘴角的穿插。嘴角的活动范围大，很多表情需要嘴角表现。嘴角需要足够的线来搭建，才能做出需要的表情，如图 8.11 所示。

(4) 脸颊 5 星点，这个 5 星点是眼部环状眼轮匝肌和环状的口轮匝肌布线的交会点。把这个点放在需要移动点最少的位置，如图 8.12 所示。

(5) 脸侧的布线，应该遵循下颚骨的方向和咬肌的方向进行布线。我们的项目需要下颚骨动画和 blend 动画一起配合使用，如图 8.13 所示。

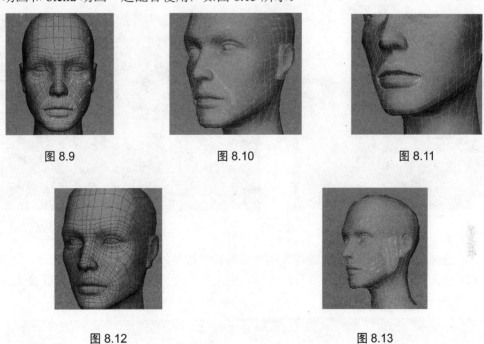

图 8.9　　　　　　　　　图 8.10　　　　　　　　　图 8.11

图 8.12　　　　　　　　　　　　　　　图 8.13

8.2　创建角色面部

本节将通过使用二维样条线画出眼眶形状，从而转换成"可编辑多边形"对象，并使用子对象(如顶点、边和多边形)开始创建角色面部造型。

8.2.1　创建眼眶二维样条线

(1) 在前视图中，打开"创建"菜单，选择"样条线"→"线"命令，创建要用作眼眶的样条线，如图 8.14 所示。

(2) 在左侧视图中，进入"顶点"层级，调节各点的位置。建议读者创作时多观察人眼睛结构，有助于您造型的准确，如图 8.15 和图 8.16 所示。

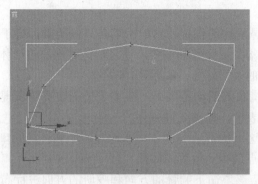

图 8.14

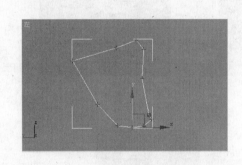

图 8.15

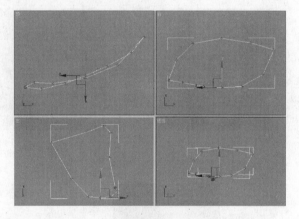

图 8.16

(3) 选择样条线，用鼠标右键转换成"可编辑多边形"，如图 8.17 所示。

(4) 进入"边"层级，选择所有样条线，使用 缩放工具配合 Shift 键进行等比例复制扩大，如图 8.18 所示。

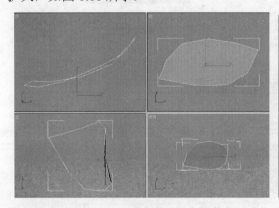

图 8.17

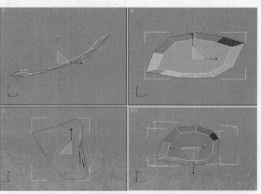

图 8.18

(5) 进入"多边形"层级，选择中间多边形，按 Delete 键删除，最终效果如图 8.19 所示。

(6) 在前视图，进入顶点层级，调节各点的位置如图 8.20 所示。

(7) 在左视图中，继续调节眼眶结构，如图 8.21 所示。

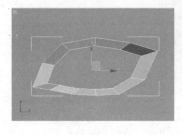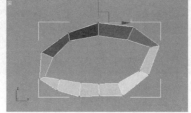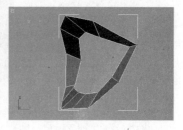

图 8.19　　　　　　　　　　图 8.20　　　　　　　　　　图 8.21

(8) 在前视图中，进入"边"层级，选择外眼眶所有的边，使用 ▣ 缩放工具配合 Shift 键进行等比例复制扩大。分别在前视图和左视图，进入"顶点"层级，调节各点的位置，使之符合人眼眶结构，如图 8.22 所示。

(9) 在前视图中，进入"边"层级，选择外眼眶所有的边，使用 ▣ 缩放工具配合 Shift 键进行等比例复制扩大。分别在前视图和左视图，进入"顶点"层级，调节各点的位置，使之符合人眼眶结构，如图 8.23 所示。

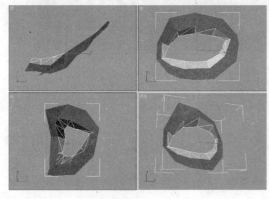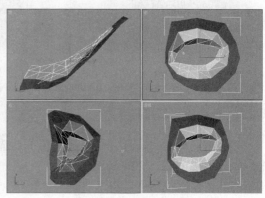

图 8.22　　　　　　　　　　　　　　　图 8.23

(10) 在前视图中，进入"边"层级，选择如图 8.24 所示的边，使用缩放工具配合 Shift 键进行复制扩大。

(11) 在左视图中，进入"顶点"层级，按如图 8.25 所示进行调节。

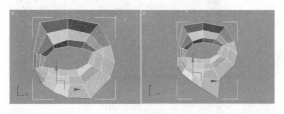

图 8.24　　　　　　　　　　　　　　　图 8.25

(12) 在前视图中，进入"边"层级，选择如图 8.26 所示的边，使用缩放工具配合 Shift 键进行复制扩大。

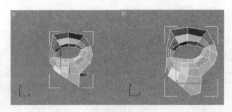

图 8.26

(13) 在左视图中，进入"顶点"层级，按如图 8.27 和图 8.28 所示进行调节。

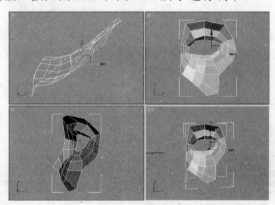

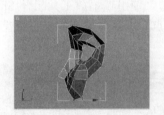

图 8.27   图 8.28

8.2.2　创建嘴巴二维样条线

(1) 在前视图中，打开"创建"菜单，选择"样条线"→"线"命令，创建要用作嘴巴的样条线，如图 8.29 所示。

(2) 在左侧视图中，进入"顶点"层级，调节各点的位置。建议读者创作时多观察人嘴巴的结构，有助于造型的准确，如图 8.30 所示。

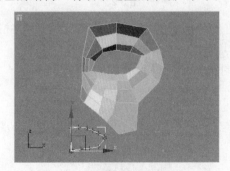

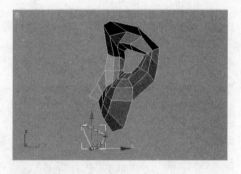

图 8.29   图 8.30

(3) 选择样条线，用鼠标右键转换成为"可编辑多边形"，如图 8.31 所示。

(4) 进入"边"层级，选择所有样条线，使用 ![缩放图标] 缩放工具配合 Shift 键进行等比例复制扩大。最终效果如图 8.32 所示。

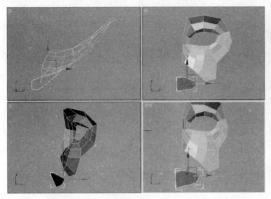
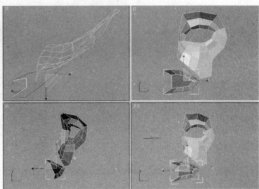

图 8.31　　　　　　　　　　　　　　图 8.32

(5) 进入"多边形"层级，选择中间多边形，点选 Delete 键删除。最终效果，如图 8.33 所示。

(6) 在前视图中，进入顶点层级，调节各点的位置，如图 8.34 所示。

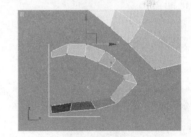

图 8.33　　　　　　　　　　　　　　图 8.34

(7) 在左视图中，继续调节嘴巴结构，如图 8.35 所示。

(8) 在前视图中，进入"边"层级，选择如图 8.35 所示的边，使用缩放工具配合 Shift 键复制扩大，最终效果如图 8.36 所示。

(9) 进入"顶点"层级，调节各点的位置，如图 8.37 所示。

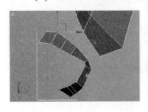

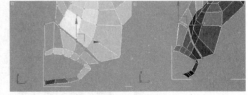

图 8.35　　　　　　　　图 8.36　　　　　　　　　　图 8.37

(10) 使用"目标点焊接"命令，把两个部分焊接起来，并且调节各点的位置，如图 8.38 所示。

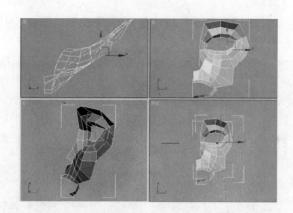

图 8.38

8.2.3 创建鼻子简单块面

(1) 在左视图中，进入"边"层级，选择如图 8.39 所示的边，配合 Shift 键复制扩边，做出鼻侧面，如图 8.40 所示。

(2) 在前视图中，进入"边"层级，选择如图 8.41 所示的边，配合 Shift 键复制扩边，做出鼻正面。

图 8.39

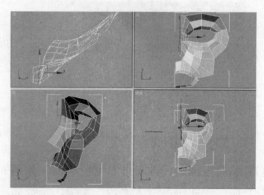

图 8.40

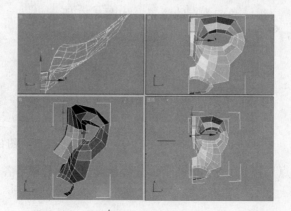

图 8.41

8.2.4　创建角色面部

(1) 使用 镜像命令，弹出如图 8.42 所示的对话框，选择"X"轴镜像，使用"实例"方式，最终效果如图 8.43 所示。

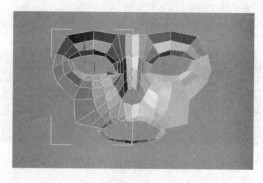

图 8.42　　　　　　　　　　　　　　　图 8.43

(2) 创建两个球体作为眼球，放置在眼眶后，观察眼眶与眼球之前切合得是否完好。必要的时候可进入"顶点"层级调节该点的位置，使之更好地贴合眼球，如图 8.44 所示。

(3) 在前视图中，进入"边"层级，选择如图 8.45 所示的边，使用缩放工具，配合 Shift 键复制放大。进入"顶点"层级，调节各点的位置，如图 8.46 所示。

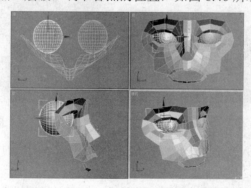

图 8.44

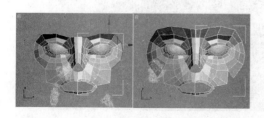

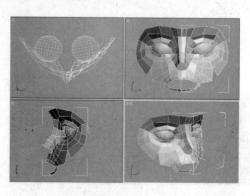

图 8.45　　　　　　　　　　　　　　图 8.46

(4) 在前视图中，进入"边"层级，选择如图 8.47 所示的边，使用移动工具，配合 Shift 键沿 Y 轴向上复制。并且进入"顶点"层级，调节各点的位置，如图 8.48 所示。

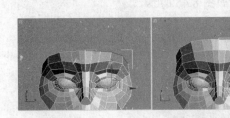

图 8.47

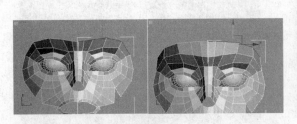

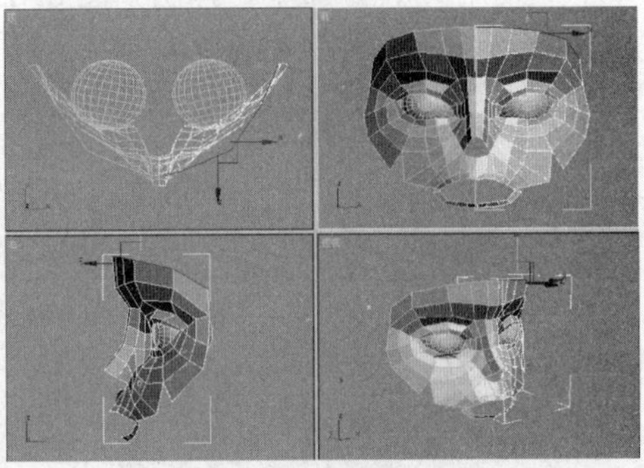

图 8.48

(5) 在前视图中，进入"边"层级，选择如图 8.49 所示的边，使用移动工具，配合 Shift 键沿 Y 轴向上复制。并且进入"顶点"层级，调节各点的位置，如图 8.50 所示。

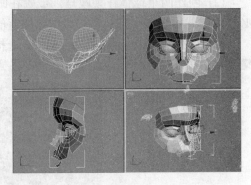

图 8.49

图 8.50

(6) 在右视图中，进入"边"层级，选择如图 8.51 所示的边，使用移动工具，配合 Shift 键沿 X 轴复制，如图 8.52 所示。

(7) 继续复制拉伸，最后效果如图 8.53 所示。必要时需要进入"顶点"层级，调节各点的位置。

图 8.51

图 8.52

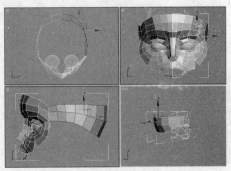

图 8.53

(8) 选择如图 8.54 所示的边，配合 Shift 键沿 Z 轴向上复制拉伸。

(9) 使用移动工具沿 Y 轴移动，调节拉伸图像造型，必要时可进入"顶点"层级调节各点位置，使之更符合头部造型，如图 8.55 所示。最终效果，如图 8.56 所示。

(10) 继续前两步的操作。

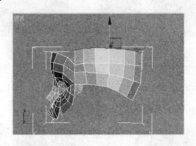

图 8.54

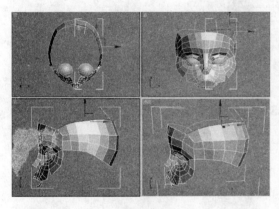

图 8.55

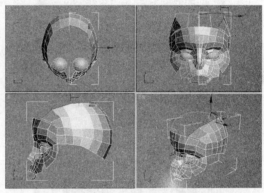

图 8.56

(11) 进入"顶点"层级，如图 8.57 所示。使用"目标焊接"命令，焊接如图 8.58 所示的点。

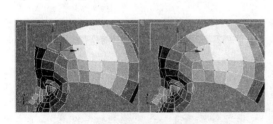

图 8.57

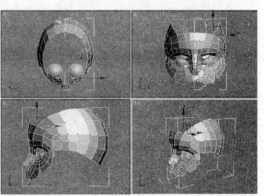

图 8.58

(12) 选择如图 8.59 所示的边，配合 Shift 键沿 Y 轴向上复制拉伸。

(13) 进入"顶点"层级，调节各点的位置，如图 8.60 所示。

图 8.59　　　　　　　　　　　　　图 8.60

(14) 选择如图 8.61 所示的边，再次配合 Shift 键沿 Y 轴向上复制拉伸。

(15) 进入"顶点"层级，调节各点的位置，如图 8.62 所示。

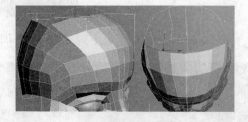

图 8.61　　　　　　　　　　　　　图 8.62

(16) 选择如图 8.63 所示的边，再次配合 Shift 键沿 Y 轴向上复制拉伸。

(17) 进入"顶点"层级，调节各点的位置，如图 8.64 所示。

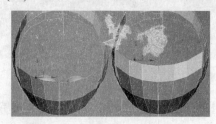

图 8.63　　　　　　　　　　　　　图 8.64

(18) 在"顶点"层级，使用"目标点焊接"命令，把如图 8.65 所示的点焊接起来。

(19) 完成头顶建模。选择如图 8.66 所示的边，再次配合 Shift 键沿 Y 轴向上复制拉伸。

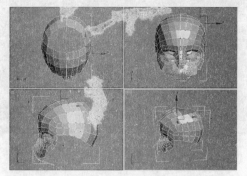
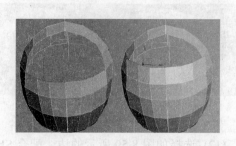

图 8.65　　　　　　　　　　　　　图 8.66

(20) 进入"顶点"层级，调节各点的位置，如图 8.67 所示。

(21) 在"顶点"层级，使用"目标点焊接"命令，焊接如图 8.68 所示的点。

(22) 选择如图 8.69 所示的边，再次配合 Shift 键沿 Y 轴向上复制拉伸。

 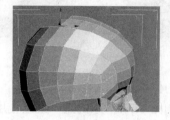 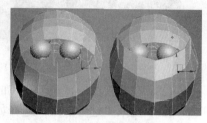

　图 8.67　　　　　　　　　　　图 8.68　　　　　　　　　　　图 8.69

(23) 进入"顶点"层级，调节各点的位置，如图 8.70 所示。

(24) 进入"顶点"层级，使用"目标焊接"命令，焊接各点，如图 8.71 所示。

　　　图 8.70　　　　　　　　　　　　　　　图 8.71

(25) 进入"边"层级，选择如图 8.72 所示的边，使用"连接"命令，设置"分段数"为 1，创建线。

(26) 细致调节整个头部造型，完成头顶模型，如图 8.73 所示。

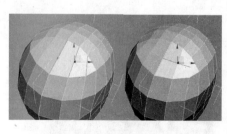 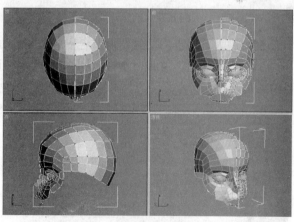

　　　图 8.72　　　　　　　　　　　图 8.73

(27) 进入"边"层级，选择如图 8.74 所示的边，使用移动工具，配合 Shift 键复制拉伸，最终效果如图 8.75 所示。

图 8.74

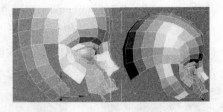

图 8.75

(28) 在前视图中，调节各点的位置，如图 8.76 所示。

(29) 进入"边"层级，选择如图 8.77 所示的边，继续使用移动工具，配合 Shift 键复制拉伸，最终效果如图 8.78 所示。

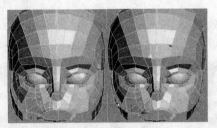

图 8.76

图 8.77

图 8.78

(30) 进入"顶点"层级，调节各点的位置，如图 8.79 所示。

(31) 进入"边"层级，选择如图 8.80 所示的边，继续使用移动工具，配合 Shift 键沿 Y 轴复制拉伸。

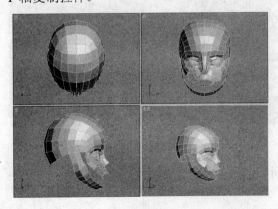

图 8.79

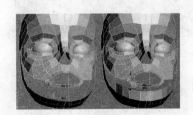

图 8.80

(32) 进入"顶点"层级，使用"目标点焊接"命令，按如图 8.81 所示焊接各点。

(33) 进入"边"层级，选择如图 8.82 所示的边，继续使用移动工具，配合 Shift 键沿 Y 轴复制拉伸。

(34) 进入"顶点"层级，使用"目标点焊接"命令，按如图 8.83 所示焊接各点。

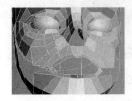

| 图 8.81 | 图 8.82 | 图 8.83 |

(35) 进入"边界"层级，选择如图 8.84 所示的边，使用"封口"命令。

(36) 进入"多边形"层级，选择如图 8.85 所示的面，进行删除。

| 图 8.84 | 图 8.85 |

(37) 调整各点的位置，如图 8.86 所示。

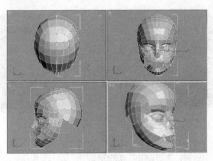

图 8.86

(38) 进入"顶点"层级，使用"切割"命令，对嘴部布线进行细分，如图 8.87 所示。

(39) 进入"边"层级，选择如图 8.88 所示的线段，使用"连接"命令，设置"分段"数为 2。

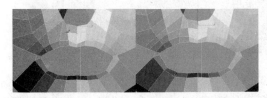

| 图 8.87 | 图 8.88 |

(40) 对嘴部布线再次细分。进入"顶点"层级，选择"切割"命令，按如图 8.89 所示进行切割。最终效果，如图 8.90 所示。

图 8.89

图 8.90

(41) 进入"边"层级，选择如图 8.91 所示的边，配合 Shift 键拖拉复制出如图 8.91 所示的面。

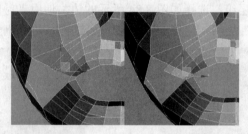
图 8.91

(42) 进入"顶点"层级，使用"目标焊接"命令，如图 8.92 所示，焊接如图 8.93 所示的各点。

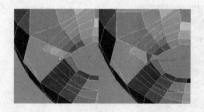
图 8.92

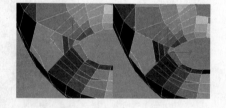
图 8.93

(43) 在"顶点"层级，使用"切割"命令，对如图 8.94 所示的位置平面进行切割。

(44) 进入"顶点"层级，选择如图 8.95 所示的边，删除。

图 8.94

图 8.95

(45) 进入"边界"层级，选择如图 8.96 所示的破面，使用"封口"命令对破面封闭。

并且使用"切割"命令对面进行如图 8.97 所示的切割。

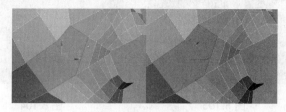
图 8.96

图 8.97

(46) 调节各点位置至造型合理为止，如图 8.98 所示。

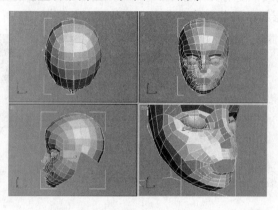
图 8.98

8.2.5　鼻子部分造型的深调

(1) 在前视图中，放大鼻子部分，进入"顶点"层级，选择如图 8.99 所示的各点，使用"目标点焊接"命令焊接各点，如图 8.100 所示。

(2) 进入"顶点"层级，使用"切割"命令，按如图 8.101 所示对鼻子部分进行切割的效果。

图 8.99

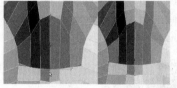
图 8.100

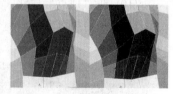
图 8.101

(3) 在左视图中，进入"顶点"层级，对鼻子的造型进行，如图 8.102 所示的调节。

(4) 在"边"层级，使用"切割"命令，对鼻子部分进行切割，如图 8.103 所示。

(5) 再次进入"左视图"，进入"顶点"层级，对鼻子的造型进行调节，如图 8.104 所示。

图 8.102　　　　　　　　　　图 8.103　　　　　　　　　　图 8.104

(6) 在"前视图"中，进入"顶点"层级，对鼻子的造型进行调节，如图 8.105 所示。

(7) 在"顶点"层级，使用"切割"命令，对如图 8.106 所示的位置造型进行面的细分。

(8) 在"顶点"层级，调节鼻子部分各点的位置，如图 8.107 所示。

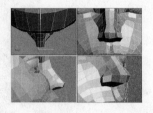

图 8.105　　　　　　　　　　图 8.106　　　　　　　　　　图 8.107

(9) 再次进入"顶点"层级，使用"切割"命令，对鼻子部分面进行细化。具体操作如图 8.108 所示。

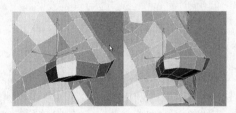

图 8.108

(10) 在"顶点"层级，调节鼻子处各点的位置，如图 8.109 所示。

(11) 在"顶点"层级，使用"切割"命令对鼻子进行细化，如图 8.110 所示，以制作鼻子的鼻孔。

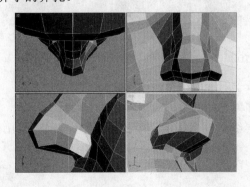

图 8.109　　　　　　　　　　　　　　图 8.110

(12) 在"顶点"层级，调节鼻孔周围点的位置，如图 8.111 所示。

(13) 在"多边形"层级，选择如图 8.112 所示的面，使用"挤出"命令，设置"挤出类型"为"组"，"挤出高度"为"−37.6"。

(14) 在左视图中，进入"顶点"层级，调节各点的位置，如图 8.113 所示。

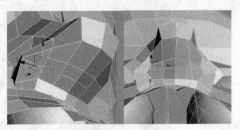

图 8.111

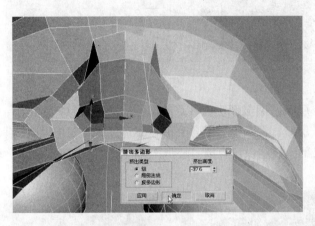

图 8.112

图 8.113

(15) 鼻子处模型的最终布线效果图，如图 8.114 所示。

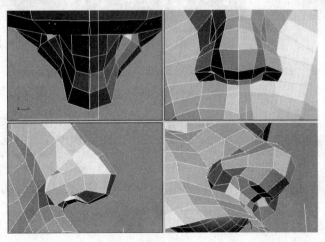

图 8.114

8.2.6 嘴部部分造型的深调

(1) 进入"边"层级，选择如图 8.115 所示的嘴部边，配合 Shift 键进行复制拉伸。

(2) 在左视图中，进入"边"层级，选择嘴巴上的所有平行边，使用"连接"命令，设置"分段"为"1"，"滑块"为"-23"，如图 8.116 所示。

图 8.115   图 8.116

(3) 在左视图中，进入"顶点"层级，调节嘴巴部各点的位置，如图 8.117 所示。

(4) 在前视图中，进入"顶点"层级，调节嘴巴部各点的位置，如图 8.118 所示。

(5) 进入"边"层级，选择嘴巴部一根线段，点取"环形"命令，如图 8.119 所示，选择嘴巴部所有平行线段。

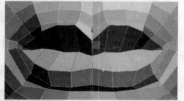

图 8.117   图 8.118   图 8.119

(6) 使用"连接"命令，设置"分段数"为"1"，"滑块"为"-5"，如图 8.120 所示。

(7) 继续上一个步骤，使用放缩工具，沿 Y 轴向下压缩，如图 8.121 所示。

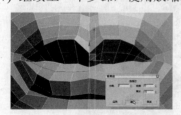

图 8.120   图 8.121

(8) 进入"顶点"层级，调节嘴部各点的位置，如图 8.122 所示。

(9) 调节整个头部造型，如图 8.123 所示。

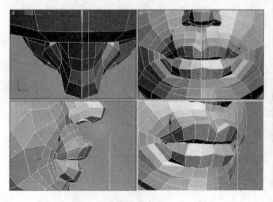

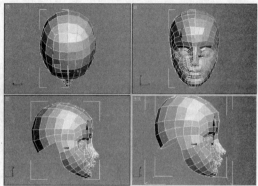

图 8.122　　　　　　　　　　　　　图 8.123

8.2.7　眼睛部分造型的深调

（1）选择并右击作为眼球的"球体"，选择"属性"→"显示属性"命令，选择"透明"，使眼球体透明，方便下面眼眶的造型。

（2）进入"边"层级，选择眼一圈边，如图 8.124 所示。

（3）使用缩放工具，等比例向内复制收缩眼眶，并使用移动工具调节位置。最终效果，如图 8.125 所示。

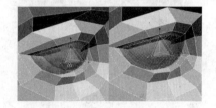

图 8.124　　　　　　　　　　　　　图 8.125

（4）进入"边"层级，选择眼眶上平行边，使用"连接"命令创建一条线，如图 8.126 所示。

（5）使用移动工具，沿 Y 轴向外移动创建的线，如图 8.127 所示。

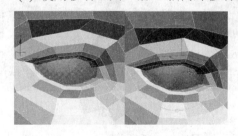

图 8.126　　　　　　　　　　　　　图 8.127

（6）最后完成眼部造型调节，如图 8.128 和图 8.129 所示。

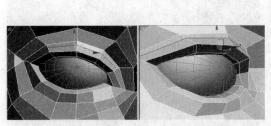

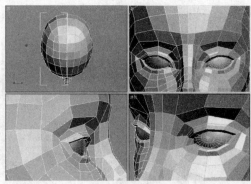

图 8.128　　　　　　　　　　　　　　　图 8.129

8.2.8　整个头部造型的完成

(1) 进入"边"层级，选择头部后面一圈边线，配合 Shift 键沿 Y 轴复制拉伸，如图 8.130 所示。

(2) 进入"顶点"层级，使用"目标点焊接"命令，焊接如图 8.131 所示的两点。

图 8.130　　　　　　　　　　　　　　　图 8.131

(3) 进入"边"层级，选择头部后面刚刚拉伸的一圈边线，再次配合 Shift 键沿 Y 轴复制拉伸，并且进入"顶点"层级调节各点的位置，如图 8.132 所示。使用"目标点焊接"命令焊接新创建点和面点，最终效果如图 8.133 所示。

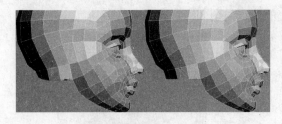

图 8.132　　　　　　　　　　　　　　　图 8.133

(4) 注意头后部点，在后视图调节各点的位置，如图 8.134 所示。

(5) 进入"边"层级，选择如图 8.135 所示的边，再次配合 Shift 键沿 Y 轴复制拉伸。

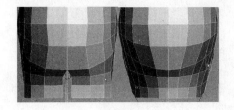

图 8.134

图 8.135

(6) 进入"顶点"层级，调节各点的位置，如图 8.136 所示。

(7) 进入"边"层级，选择如图 8.137 所示的边，配合 Shift 键沿 X 轴复制拉伸，最终效果如图 8.138 所示。

(8) 进入"顶点"层级，调节脖子处各点的位置，如图 8.139 所示。

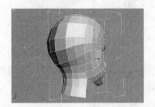

图 8.136

图 8.137

图 8.138

图 8.139

(9) 进入"边"层级，选择脖子处边，配合 Shift 键沿 Z 轴复制拉伸，并且使用"目标点焊接"命令焊接对应点，如图 8.140 所示。

(10) 进入"边界"层级，选择如图 8.141 所示的边界，使用"封口"命令补洞。

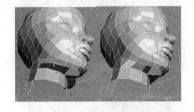

图 8.140

图 8.141

(11) 进入"顶点"层级，下巴下面的洞口使用"目标点焊接"命令连接各点，如图 8.142 和图 8.143 所示。

(12) 进入"顶点"层级，使用"切割"命令，细化脖子布线，如图 8.144 和图 8.145 所示。

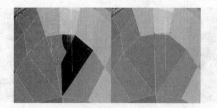

图 8.142

图 8.143

图 8.144

图 8.145

(13) 进入"顶点"层级，如图 8.146 所示，选择如图 8.147 所示的点，用鼠标右键，删除。最终效果，如图 8.148 所示。

图 8.146

图 8.147

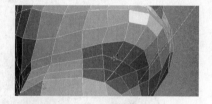

图 8.148

(14) 进入"边"层级，选择如图 8.149 所示的边，用鼠标右键，删除。最终效果，如图 8.150 所示。

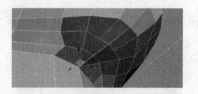

图 8.149

图 8.150

(15) 进入"顶点"层级，如图 8.151 所示，使用"切割"命令，细化脖子布线，如图 8.152 所示。

图 8.151

图 8.152

(16) 调节各点的位置，使之呈现合理的脸部和脖子布线，如图 8.153 和图 8.154 所示。

(17) 加入"涡轮平滑"修改器，对整个头部的平滑处理，如图 8.155 所示。

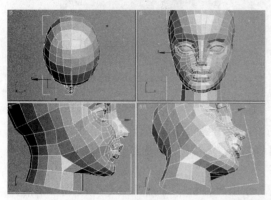

图 8.153

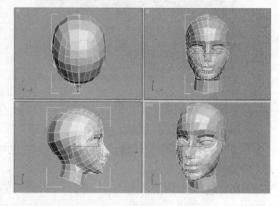

图 8.154

图 8.155

(18) 将文件另存为"head.max"。

至此整个头部的模型就创建好了，创建方法很简单，但是需要足够的耐心去推敲每个步骤。希望大家在面部布线上多加分析和考虑。

8.3 创建耳朵

本节将通过使用一个"平面"转化成"可编辑多边形"对象，然后配合 Shift 键复制拉伸造型，并使用子对象(如顶点、边和多边形)开始创建，调节耳朵造型。

8.3.1 创建耳朵平面

(1) 在前视图中，打开"创建"菜单，选择"标准基本体" → "平面"，如图 8.156 所示。

(2) 选择平面，用鼠标右键转换成为"可编辑多边形"。

(3) 使用旋转工具，调整多边形的角度，如图 8.157 所示。

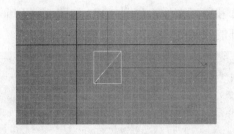

图 8.156　　　　　　　　　　图 8.157

(4) 进入"边"层级，选择如图 8.158 所示的边，配合 Shift 键沿 Y 轴复制拉伸，拉伸过程中可结合旋转工具转换其复制角度，也可以进入"顶点"层级调节各点的位置，最终效果如图 8.159 所示。

(5) 进入"顶点"层级，结合点的地方点，使用"目标点焊接"命令焊接成一个点，如图 8.160 所示。

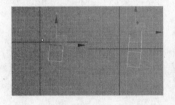

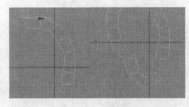

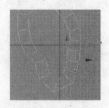

图 8.158　　　　　　图 8.159　　　　　　图 8.160

(6) 调节各点的位置，如图 8.161 所示。

(7) 进入"边"层级，选择如图 8.162 所示的边，配合 Shift 键沿 X 轴复制拉伸，如图 8.162 所示。

(8) 调节各点的位置，如图 8.163 所示。

(9) 进入"边"层级，选择如图 8.164 所示的边，配合 Shift 键沿 X 轴复制拉伸，拉伸过程中可结合旋转工具转换其复制角度，也可以进入"顶点"层级调节各点的位置。

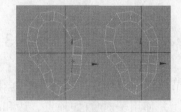

图 8.161　　　　　　　　　　图 8.162

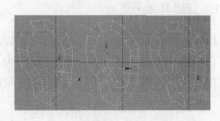

图 8.163　　　　　　　　　　图 8.164

(10) 调节各点的位置，如图 8.165 所示。

(11) 进入"边"层级，选择如图 8.166 所示的边，在透视图使用缩放工具等比例复制缩小，并使用移动工具沿"Y"轴向内部拉伸，如图 8.167 所示。

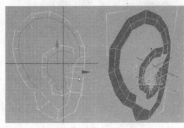

图 8.165　　　　　　　　　　图 8.166　　　　　　　　　　图 8.167

(12) 进入"边"层级，选择如图 8.168 所示的边，使用移动工具沿 Z 轴向下复制拉伸，如图 8.169 所示。

(13) 进入"顶点"层级，使用"目标焊接"命令，焊接如图 8.170 所示的各点。

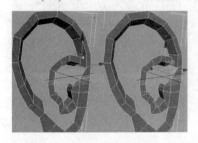

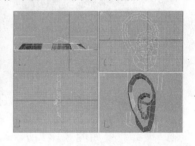

图 8.168　　　　　　　　　　图 8.169　　　　　　　　　　图 8.170

(14) 进入"边"层级，选择如图 8.71 所示的边，使用移动工具沿 Z 轴向上复制拉伸。

(15) 选择如图 8.172 所示的两边，分别使用"目标焊接"命令焊接各边，最终效果如图 8.173 所示。

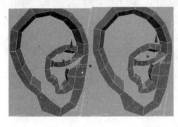
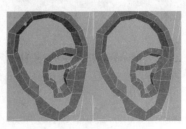
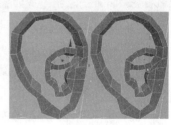

图 8.171　　　　　　　　　　图 8.172　　　　　　　　　　图 8.173

(16) 进入"边"层级，选择如图 8.174 所示的边，使用移动工具沿"X"轴向上复制拉伸。

(17) 选择如图 8.175 所示的边，使用"目标焊接"命令焊接两边。

(18) 进入"边界"层级，选择如图 8.176 所示的封闭边线，使用"封口"命令创建新平面。

(19) 进入"边"层级，选择如图 8.177 所示的边，使用鼠标右键，删除。

图 8.174　　　　　　　　图 8.175　　　　　　　　图 8.176

(20) 在前视图中，进入"边"层级，选择如图 8.178 所示的边，使用移动工具，配合 Shift 键沿 Y 轴向下复制拉伸，可配合缩放工具等比缩小拉伸平面面积。

(21) 在前视图中，进入"边"层级，选择如图 8.179 所示的边，使用移动工具，配合 Shift 键沿 X 轴向右下复制拉伸，可配合缩放工具等比缩小拉伸平面面积。

图 8.177　　　　　　　　图 8.178　　　　　　　　图 8.179

(22) 进入"顶点"层级，调节各点位置，如图 8.180 所示。

(23) 进入"顶点"层级，选择如图 8.181 所示的各点，使用"目标焊接"命令焊接各点，最终效果如图 8.182 所示。

 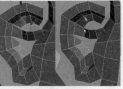 

图 8.180　　　　　　　　图 8.181　　　　　　　　图 8.182

(24) 进入"顶点"层级，调节各点的位置，如图 8.183 所示。

(25) 进入"边界"层级，选择如图 8.184 所示的封闭边线，使用"封口"命令创建新的平面。

(26) 使用"切割"命令分割新的平面，如图 8.185 所示。

图 8.183　　　　　　　　图 8.184　　　　　　　　图 8.185

（27）进入"边"层级，选择如图 8.186 所示边，使用移动工具沿 Z 轴向左下方向复制拉伸。

（28）使用"目标焊接"命令，焊接两个边线，如图 8.187 所示。

（29）进入"边界"层级，选择如图 8.186 所示的封闭边线，使用"封口"命令创建新的平面。

图 8.186　　　　　　　　　图 8.187　　　　　　　　　图 8.188

（30）进入"边"层级，选择如图 8.189 所示的边，使用移动工具沿 Z 轴向右下方向复制拉伸，如图 8.190 所示。

（31）使用"目标焊接"命令焊接两个边线，如图 8.191 所示。

（32）进入"边"层级，选择边，使用移动工具沿 X 轴向右上方向复制拉伸，如图 8.192 所示。

 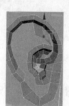 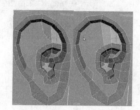 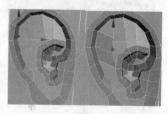

图 8.189　　　　　图 8.190　　　　　图 8.191　　　　　图 8.192

（33）使用"目标焊接"命令焊接两个边线，如图 8.193 所示。

（34）进入"边"层级，选择如图 8.192 所示的边，使用移动工具沿 X 轴向右上方向复制拉伸。

（35）使用"目标焊接"命令焊接边线，如图 8.195 所示。

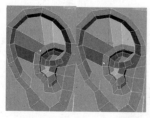 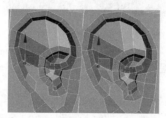 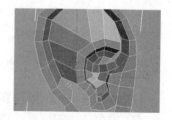

图 8.193　　　　　　　　　图 8.194　　　　　　　　　图 8.195

（36）进入"边"层级，选择边，使用移动工具沿 X 轴向右上方向复制拉伸，如图 8.196 所示。

（37）使用"目标焊接"命令，焊接边线，如图 8.197 所示。

(38) 进入"边"层级，选择边，使用移动工具沿 X 轴向右上方向复制拉伸，如图 8.198 所示。

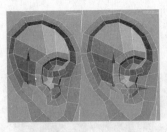
图 8.196

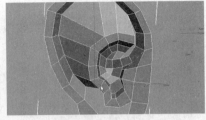
图 8.197

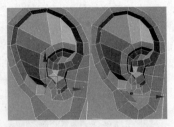
图 8.198

(39) 使用"目标焊接"命令，焊接边线，如图 8.199 所示。

(40) 进入"边"层级，选择如图 8.200 所示的边，使用移动工具沿 Y 轴向上方向复制拉伸。

(41) 使用"目标焊接"命令，焊接边线，如图 8.201 所示。

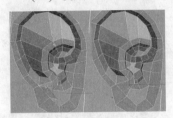
图 8.199

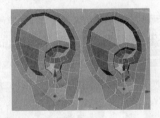
图 8.200

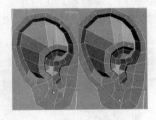
图 8.201

(42) 进入"边界"层级，选择如图 8.202 所示的封闭边线，使用"封口"命令创建新的平面。

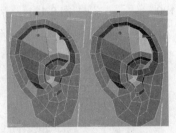
图 8.202

8.3.2 创建和调节耳朵造型和细节

(1) 添加"涡轮平滑"修改器，观察耳朵模型的造型和布线，如图 8.203 所示。

(2) 调节各点的位置，使耳朵造型准确，如图 8.204 所示。

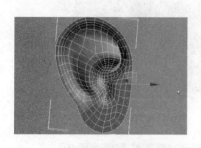

图 8.203

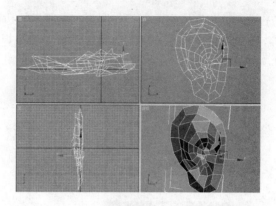

图 8.204

(3) 进入"边"层级，选择如图 8.205 所示的边，在后视图中使用缩放工具配合 Shift 键等比例复制缩小。

(4) 在左视图中使用移动工具，沿"X"轴向左移动刚刚复制出来的面，如图 8.206 所示。

(5) 进入"顶点"层级，调节各点的位置，如图 8.207 所示。

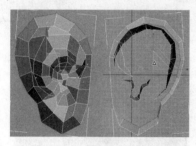

图 8.205

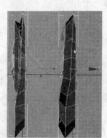

图 8.206

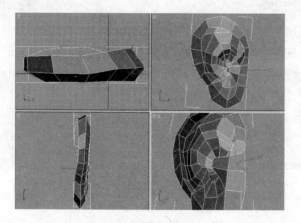

图 8.207

(6) 进入"边"层级，选择如图 8.208 所示的边，使用移动工具沿"Z"轴向下方向复制拉伸，如图 8.209 所示。使用"目标焊接"命令焊接两边。

(7) 进入"边"层级，选择如图 8.210 所示的边，使用移动工具沿"Z"轴向下方向复制拉伸，如图 8.211 所示。使用"目标焊接"命令焊接两边。

图 8.208

图 8.209

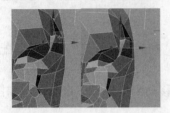

图 8.210

图 8.211

(8) 进入"边"层级，选择如图 8.212 所示的边，使用移动工具沿"Z"轴向上方向复制拉伸，如图 8.213 所示。使用"目标焊接"命令焊接两边。

图 8.212

图 8.213

(9) 进入"边"层级，选择如图 8.214 所示的边，使用移动工具沿"Z"轴向上方向复制拉伸，如图 8.215 所示。使用"目标焊接"命令焊接两边。

图 8.214

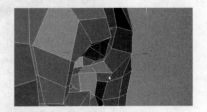

图 8.215

(10) 进入"多边形"层级，选择如图 8.216 所示的面，使用"挤出"命令向内部挤下"-0.192"个单位，如图 8.217 所示。

(11) 使用"倒角"命令，继续对新平面倒角造型，设置倒角"高度"为"-0.195"，"轮廓量"为"-0.051"，如图 8.218 所示。

图 8.216

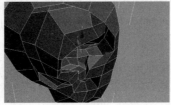

图 8.217

图 8.218

(12) 再次使用"倒角"命令，继续对新平面倒角造型，设置倒角"高度"为"-0.066"、"轮廓量"为"-0.051"，如图 8.219 所示。

(13) 进入"顶点"层级，调节各点的位置，如图 8.220 所示，完成耳朵的造型，最终效果如图 8.221 所示。

图 8.219

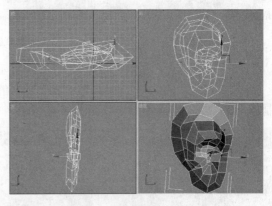

图 8.220

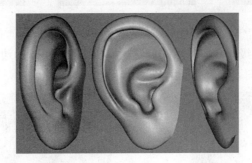

图 8.221

(14) 将文件另存为"ear.max"。

以上整个耳朵部分的模型就创建好了，创建方法很简单，但是需要足够的耐心去推敲每个步骤。希望大家在面部布线上多加分析和考虑。

8.3.3　将耳朵连接到头上

(1) 打开写实女性角色建模"head.Max"文件。

(2) 执行"文件"→"合并"命令，合并 ear.max 中的耳朵模型到 head.max 场景中。

(3) 使用 ▢ 缩放工具，等比例缩小耳朵模型，使之与头部模型大小比例合适。

(4) 在头部模型被选择的情况下，进入"多边形"层级，选择如图 8.222 所示的平面，删除。

(5) 使用 ✛ 移动工具和 ↻ 旋转工具，调节耳朵至头部的正确位置，如图 8.223 所示。

(6) 进入右视图，在"边"层级，使用"切割"命令，按如图 8.224 所示的(红线)细化耳朵布线。

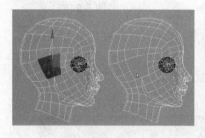
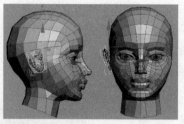

图 8.222   图 8.223   图 8.224

(7) 进入"多边形"层级，选择如图 8.225 所示的平面，删除。最终效果如图 8.226 所示。

(8) 进入"边"层级，选择如图 8.227 所示的边。使用缩放工具，配合 Shift 键等比例复制缩小。

图 8.225   图 8.226   图 8.227

(9) 进入"顶点"层级，调节各点的位置，如图 8.228 所示的边。并且使用"目标焊接"命令，焊接部分点，如图 8.229 所示。

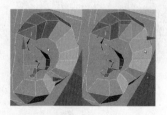

图 8.228   图 8.229

(10) 进入"边"层级，选择如图 8.230 所示的边，删除。

(11) 进入"顶点"层级，调节各点的位置，如图 8.231 所示。

(12) 读者可以观察，现在头部删除的点和耳朵空洞部分点的关系图，如图 8.232 所示。

(13) 我们现在要做的就是使耳朵空洞处的点和头部删除空洞的点一一对应，这样方便最后使用"目标点焊接"命令把耳朵上的各个点焊接到头上，如图 8.233 所示。

图 8.230

图 8.231

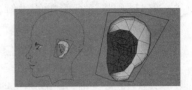
图 8.232

(从上面的 2 个图上，可以发现耳朵的点已经调节完毕，下面要做的就是调节头部空洞部分的造型和耳朵空洞部分的造型使它们一致，并且点的数量和耳朵的衔接处的点的数量一致。)

(14) 调节头部空洞结构，如图 8.234 所示。

(15) 在"点"层级，使用"目标点焊接"命令，一一对应焊接耳朵上点到头部空洞上的点，如图 8.235 所示。

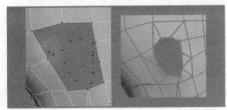
图 8.233

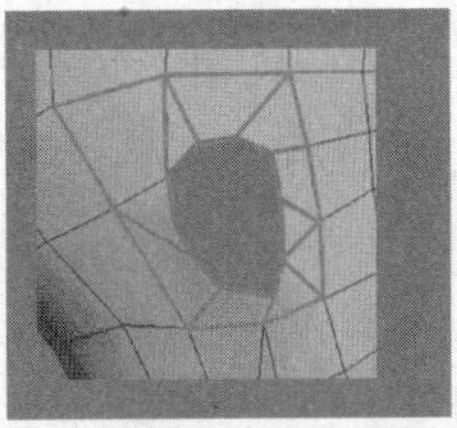

图 8.234

图 8.235

(16) 使用同样的方法，把另外的一只耳朵连接到头上，如图 8.236 所示。

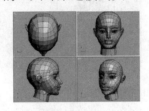
图 8.236

8.4　创　建　脚

本节将通过使用简单长方体基本体创建脚，然后将该长方体转换为"可编辑的多边形"对象，并使用子对象(如顶点、边和多边形)开始塑形脚，如图 8.237 所示。

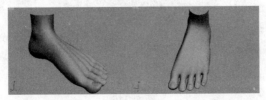
图 8.237

说明：因为前面对"多边形"建模的步骤和细节讲解得比较详细，下面多边形"脚"

的创建过程将进行简单的讲解，主要教给大家要怎样分析建模，怎样分布脚上的布线。希望大家不要盲从于步骤，要学会从学到的知识中独立思考。

(1) 按照比例创建一个"立方体"，段数如图 8.238 所示。

(2) 用鼠标右键转换成"可编辑多边形"，如图 8.239 所示。

(3) 进入"顶点"层级，调节各点的位置，如图 8.240 所示，确定脚的大体轮廓。

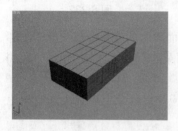
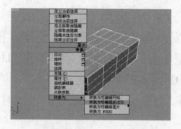
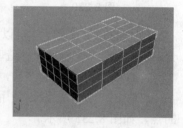

图 8.238　　　　　　　　　图 8.239　　　　　　　　　图 8.240

(4) 继续调节各顶点，直至出现脚的大体轮廓，如图 8.241 所示。

(5) 模型按照下面图例的布线方法布线。三条线作为一个脚趾，五个脚趾就要设计出十五条线，如图 8.242 所示。

(6) 再次加线，调节整体外形，如图 8.243 所示。

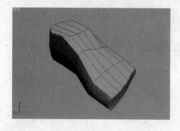
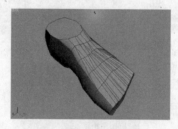
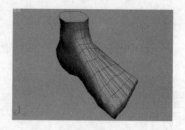

图 8.241　　　　　　　　　图 8.242　　　　　　　　　图 8.243

(7) 调节完大体轮廓之后，开始挤出脚趾，如图 8.244 所示。

(8) 先挤出五段然后再编辑，如图 8.245 所示。

(9) 进入"顶点"层级，调节外形。

注意：可以多观察自己脚的形状来调节，如图 8.246 所示。

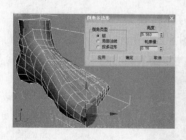
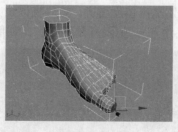
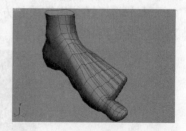

图 8.244　　　　　　　　　图 8.245　　　　　　　　　图 8.246

(10) 调节完脚趾基本外形，再剪切出脚趾甲形态，如图 8.247 所示。

(11) 删除选择状态下的四个面，如图 8.248 所示。

(12) 进入"顶点"层级，调节各个脚洞的大小，如图 8.249 所示。

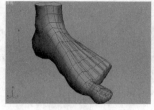
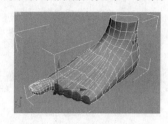
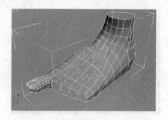

图 8.247　　　　　　　　　　图 8.248　　　　　　　　　　图 8.249

(13) 进入"多变形"层级，框选大脚趾整个造型，按住 Shift 键复制拖拽出一个脚趾，放到合适的位置，如图 8.250 所示。

(14) 进入"顶点"层级，使用"目标点焊接"命令，把点全部焊接上，如图 8.251 所示。

(15) 按照上面的步骤再次选择复制脚趾，焊接完成之后按照脚趾的形状调节各个脚趾的外形，如图 8.252 所示。

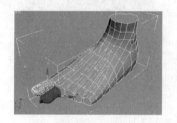
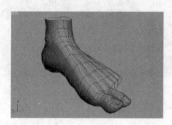
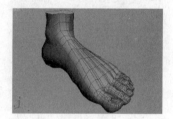

图 8.250　　　　　　　　　　图 8.251　　　　　　　　　　图 8.252

(16) 注意小脚趾的形状，如图 8.253 所示。

(17) 不断调节，直至满意为止，如图 8.254 和图 8.255 所示。

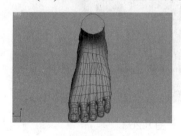
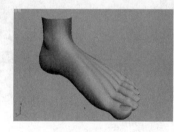
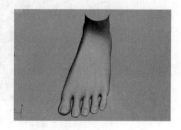

图 8.253　　　　　　　　　　图 8.254　　　　　　　　　　图 8.255

8.5　创　建　手

本节将通过使用简单长方体基本体创建手，然后将该长方体转换为"可编辑的多边形"对象，并使用子对象(如顶点、边和多边形)开始塑形手，如图 8.256 所示。

(说明：因为前面对"多边形"建模的步骤和细节讲解得比较详细，下面多边形"手"的创建过程将进行简单的讲解。)

(1) 创建"手"的大体轮廓，如图 8.257 所示。

(2) 细化模型，调整手部的结构和比例，如图 8.258 所示。

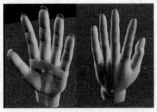

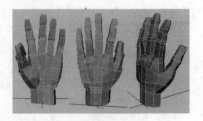

图 8.256   图 8.257   图 8.258

(3) 对手部纹路进行刻画，注意肌肉和骨骼的起伏，如图 8.259 所示。

(4) 注意手纹和指甲的细部图。指甲是经过 3 次挤压而得到的，如图 8.260 和图 8.261 所示。

图 8.259   图 8.260   图 8.261

(5) 进入"顶点"层级，调节各点，注意手部结构，如图 8.262 所示。

(6) 在做的时候别忘了先"网格平滑"看看效果，然后再回来继续修改，如图 8.263 所示。

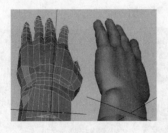
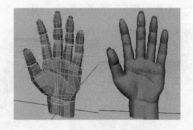

图 8.262   图 8.263

8.6 创建整个身体

前面已经对"多边形"建模的步骤和细节进行比较详细的讲解，下面多边形"身体"部分的创建过程将做简单讲解，主要教给大家怎样分析建模，怎样分布身上的布线。希望大家不要盲从于步骤，要学会从学到的知识中独立思考。最终效果如图 8.264 所示。

(1) 根据手部模型，挤出整个手臂的模型，如图 8.265 所示。

(2) 根据脚部模型，挤出整个腿的模型，如图 8.266 所示。

(3) 挤出身体造型，如图 8.267 所示。

图 8.264

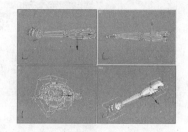

图 8.265

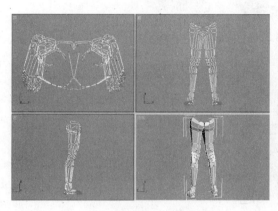

图 8.266

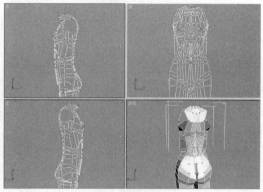

图 8.267

(4) 身体的布线细节，如图 8.268 所示。

(5) 进入"顶点"层级，使用"目标点焊接"命令焊接手臂到身体上，注意合理布线，如图 8.269 所示。

(6) 进入"顶点"层级，使用"目标点焊接"命令焊接头到身体上，注意合理布线，如图 8.270 所示。

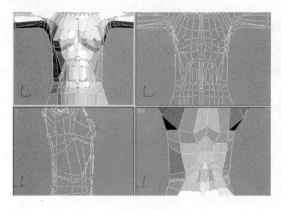

图 8.268

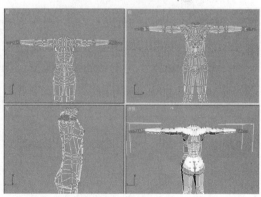

图 8.269

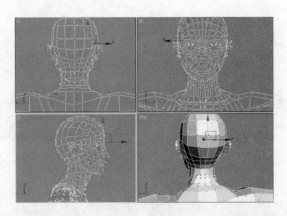

图 8.270

本 章 小 结

本教程介绍了用于"可编辑多边形"建造中高精度多边形模型的多种工具，这些工具适用于建造任何中高精度多边形角色模型的人物。

习 题

名词解释

1. 布线
2. 目标点焊接
3. 脸颊与星点

简答题

1. 请简要说明"高精度模型"和"低精度模型"的区别。
2. 使用"对称"修改器创建半个模型的镜像副本的目的是什么？
3. 简述高精度角色模型的嘴角模型是如何穿插的？

第 9 章

人物服装和
头发建模方法

技能点

1. 运用 Garment Maker 修改器绘制服装的 2D 平面效果图
2. 使用 Cloth 模拟重复织物片段或衣服的运动和变形，模仿衣服在现实世界中的状态
3. 使用多边形为角色创建头发模型

说明

前面的众多章节介绍了不同的建模方法，本章将讲解人物的服装和头发的建模方法。在人物的服装建模中，将采取一种新的制作衣服的方法——运用 Cloth 制作人物服装。头发建模将继续运用多边形建模方法。

9.1 Cloth 简介

Cloth 是为角色和动物创建逼真的织物和定制衣服的高级工具。Cloth 系统包含两个修改器。

(1) Cloth 修改器用于模拟布料和环境交互的动态效果,其中可能包括碰撞对象(如角色或桌子)和外力(如重力和风)。

(2) Garment Maker 修改器是用于从 2D 样条线创建 3D 衣着的专用工具,其使用方式和通过裁剪布片来缝制真实的衣服比较类似。

衣服建模可采用以下两种方式:使用标准 3ds max 建模方法创建布料对象,然后对其应用 Cloth 修改器;或者使用样条线设计虚拟的衣服图案,然后使用 Garment Maker 修改器将这些不同的虚拟面板缝合在一起,构成完整的衣着。借助于 Garment Maker,还可以从外部应用导入样条线图案,然后将其用于图案面板。

9.1.1 Cloth 概览

Cloth 是一种高级的布料模拟引擎,可用于为动画的角色和其他生物创建真实的衣服。Cloth 一般和 3ds max 中的建模工具协同使用,并可将任意 3D 对象转化为衣着,也可从零开始创建服装。

作为艺术家和设计师,可以使用这些知识来度身定制 Cloth 如何影响和与场景之间的交互,以及如何充分利用此软件的插件。

1. Cloth 模拟技术

Cloth 模拟是重复织物片段或衣服的运动和变形,以模仿衣服在现实世界中反应的过程。要进行布料模拟,首先,需要布料对象。例如,一块桌布或一双袜子。其次需要一些与织物进行交互的物体。这既可以是冲突对象,例如,桌面或角色的腿,也可以是风或重力等外力对象。

1) 限制

Cloth 设计用于为模型创建衣着,实质上布料模拟只是对织物在特定环境下反应的近似模仿,并且这一系统确实具有某些限制。

使用 Cloth 最重要的一点是其创建模拟所用的时间。若想创建完全精确的正确模拟,则可能很难。即使使用计算机,布料的精确度层级(和几何体细节)实际上永远都在动态变化。因此必须将模拟放置到合理级别。

2) 折中

为了创建可信的模拟,需要在时间与质量和精度之间寻求平衡。时间越多,模拟可以得到的精确度和质量就越高。如果使用 3 000 个多边形就可很好地定义外形,就不必使用 10 000 个多边形来制作模型。对布料模拟也是这样。

3) 内力和外力

模拟布料时，将会涉及不同的力。类似弯曲、拉伸和剪切的内力将令织物以合理的方式变形。类似重力、风和冲突的外力将令布料与其环境相交互。为了获得美观的模拟，我们要涉及这些因素中的大部分或全部。没有这些力的作用，布片就只是扁平死板的平面。

4) 冲突检测

为角色穿上衬衫或裤子时，我们不希望身体的任意部分穿透织物。预期结果是令衣服围绕网格变形(而不是穿透)，以便不出现交错。这一预期的实现通过冲突检测完成；使用 Cloth，需要告知模拟系统哪些对象作为布料，哪些将作为冲突对象。

一般而言，虚拟触角将从布料对象的顶点伸展出来，查看是否有可能发生冲突的任意其他对象。在某个触角接触到其他对象之后，模拟即知道必须令织物做出变形。切记布料网格的顶点越多，其触角就越多，冲突检测的效果就更好。这一点很重要，因为在使用高多边角色(冲突对象)时，需要提高布料的密度，否则高多边形网格将会穿透低多边布料对象。原因在于没有足够的触角检测冲突对象中的所有细节。

除此之外，还可为该角色添加一个或多个低多边形代理网格，以便该处的布料对象密度不必很高，避免导致模拟速度的降低。

最后，如果您使用快速移动的布料对象进行模拟，则需要提高"密度"值，以为您提供更多触角所带来的好处。此外，还可以调整"步长"大小，以便更加频繁地检查冲突对象。

2. 服装和图案设计概览

通常，缝合的图案是通过剪切布片然后再缝合在一起的。布片缝合的地方称为接合口。其图案通常是对称的，即衣服的左侧和右侧相匹配。

1) 裙子

最简单的裙子图案采用两个布片，前片和后片的形状类似。考虑到髋部和臀部的存在，后片形状比前片稍大，如图 9.1 所示。

这两个形状在侧面缝合在一起，构成简单的裙子，如图 9.2 所示。

服装的底边称为褶边。在裙子图案中，腰围和褶边都稍带弯曲。当人穿上裙子时，该曲边平置于腰围之上，同时裙子也在褶边处打褶。由于腰围和褶边一同弯曲，因此裙子周边的悬垂长度都将相同。

2) 衬衫

衬衫的图案略微复杂。简单的衬衫由前、后两个布片构成。后片的领口要比前片的领口略高。在侧边和肩部缝合之后，手臂处留开孔，如图 9.3 所示。

随后可以将袖子添加到衬衫上，袖子的外形为钟形，如图 9.4 所示。

这一图片转换为袖子的方法如下图。钟形的隆起部分和肩部相匹配，以提供袖子移动的空间，如图 9.5 所示。

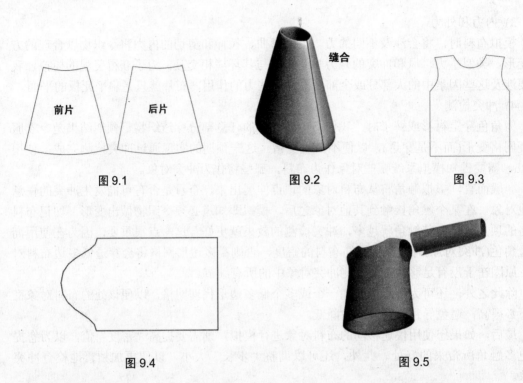

图 9.1　　　　　　　　图 9.2　　　　　　　　图 9.3

图 9.4　　　　　　　　　　　　　图 9.5

3) 裤子

裤子图案的顶部为曲线，便于和髋部匹配。较长的直边是外侧接合口，较短的边是内侧接合口。靠近顶部的曲线和腹部或臀部相匹配，位于胯部之下，如图 9.6 所示。

每片都剪裁两次。两个前片沿着胯部缝合在一起，两个后片以同样的方式缝合在一起。然后前片通过外侧接合口和内侧接合口连接在一起，如图 9.7 所示。

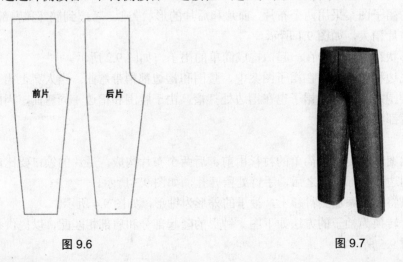

图 9.6　　　　　　　　　　　　　图 9.7

4) 缝合褶

缝合褶是面板内菱形孔洞或衣服面板边上的 V 型剪切块(如图 9.8 和图 9.9 所示)，闭合时将令衣服呈现弯曲的形状。

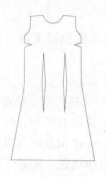

图 9.8

图 9.9

缝合褶过去常见于妇女的日常服装,尤其是女短衫和裙子。但是,缝合褶对于宽松的衣服或有弹性衣服而言并非必要。目前,缝合褶多用于正装和定制的服装。

3. 衣服的设计和技巧

先放置图案,然后使用 Garment Maker 将其结合在一起是创建衣服的途径之一。Garment Maker 是用于创建接合口、布放布料面板和确定织物密度的修改器。使用 Garment Maker 可以在传统的平面布局或可视的易于使用的 3D 布局中创建图案的接合口。

在现实世界中,衣服是通过裁剪布片形状,然后沿接合线将其缝制在一起做出来的。Garment Maker 模拟这一方式。首先必须创建确定面板形状的图案。衣服图案通常使用日常生活中遇不到的形状。如果不是有经验的衣服设计师,从头开始创建这些形状就非常困难,开始最好是使用别人制作好的图案。Cloth 包括用于衬衫、短裤和夹克等多种服装的图案。此外,还可以购买能够以 DXF 格式生成这些图案的软件。

PatternMaker 就是这样一款程序,我们可从 www.patternmaker.com 获取。如果您编辑 Cloth 未包含在内的图案,则使用这样的应用程序有助于创建图案并熟悉流程,如图 9.10 所示。

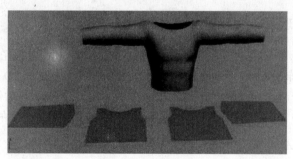

图 9.10

4. 衣服建模

Garment Maker 是将所有图案融合在一起并调整接合口的理想工具,也可以使用标准的 3ds max 工具建模,然后在这些网格上使用 Cloth 来获取良好的效果。我们可以使用多边形、面片或 NURBS 来创建衣服。

1) 重要信息

建模衣服不能有重叠的顶点或交错的面。类几何体将导致模拟失败。使用 Garment Maker 则不会出现类似问题，因此创建网格时要非常仔细。

2) 利与弊

设计衣服时，Garment Maker 通常是最佳选择。其用于定义接合口、结合力、打褶效果和其他衣服参数，而使用通过其他方法建模的衣服却无法定义这些参数。所有的方法都可为衣服的不同组成部分分别确定不同的织物，但是使用 Garment Maker 可以对此具有更多的控制。使用建模衣服的优点在于采用熟悉的方法，创建更加迅速，而且便于重新利用此前已经创建的旧衣服模型。使用多边形建模的衣服可以产生超常规褶皱。Garment Maker 使用 Delaunay 网格，有助于避免这个问题。但是，这也将导致低分辨率衣服的渲染效果不佳，因此建议对使用 Garment Maker 创建的服装上，在使用 Cloth 之后应用 HSDS 修改器，一次性细分所有三角形。

注意：MeshSmooth 不能为 Garment Maker 网格提供良好的效果。

在图 9.11 中，左图为 Garment Maker Delaunay 网格；右图为建模四边形网格。

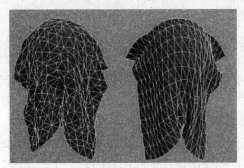

图 9.11

9.1.2 Cloth 工作原理

Cloth 在 3ds max 中体现为一对修改器：Garment Maker 和 Cloth。在这两个修改器之间，既可将任意 3D 对象转换为布料对象，也可采用更为传统的方式从 2D 图案创建衣服，然后将所有面板缝合在一起。在深入了解这两个修改器之前，讨论如何对使用 Cloth 进行预先计划很有必要。其中包括几何体如何影响 Cloth 的行为以及用作织物的网格密度。

1. Cloth 上的几何效果

一般情况下，布料建模方式应该不影响其行为方式。但实际上，布料的几何特性将对模拟有一定的影响。首先，网格密度确定了折叠能够发展到的细节程度。如果创建只有九个顶点的平面，当将其悬垂到球体之上时，将明显无法获取足够的折叠细节。

除此之外，还有网格中边的特性。由于折叠只发生在三角形之间的边上，因此网格的规则性或不规则性也将决定相应的变形。例如，如果三角形的所有斜边都对齐，将导致布料的折叠与相应边对齐。Garment Maker 创建的网格为不规则布局(采用大小近似和接近于等边的三角形)，避免了上述的折叠偏差。但是，这也将导致低分辨率渲染效果不佳，因此建议在使用 Garment Maker 创建的服装上，在使用 Cloth 之后应用 HSDS 修改器，一次性划分所有三角形。

在图 9.12 中，左图为低密度衬衫；右图为同样的衬衫，应用修改器堆栈中 Cloth 之上的 HSDS 修改器。

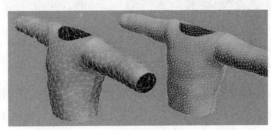

图 9.12

注意：这永远不会改变 Garment Maker 和 Cloth 之间拓扑的任何修改器。例如，我们可以使用 "UVW 展开"，而不是修改器，如 "编辑网格"、"网格平滑" 或 HSDS。

所用几何类型对衣料反应具有很大的影响。您可能习惯使用三角形、四边形或多边形来进行建模。Garment Maker 使用 Delaunay 网格细分增进变形的不一致。当将四边形用于布料模拟时，如果想得到统一或均匀的结果，务请谨慎。

在图 9.13 中，左图为四边形网格；右图为 Delaunay 网格。

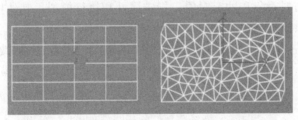

图 9.13

2．Cloth 网格密度

为了获取预期结果，考虑采用何种密度的网格非常重要。网格密度太高，会使系统处理时间变长，同时使网格分辨率过低，导致无法提供预期的折叠效果或细节。

例如，如果将 "弯曲" 修改器应用于只具有少量高度分段的圆柱体，则结果是带有角度并且不平滑。另一方面，如果使用 1000 个高度分段创建圆柱体，则会浪费资源。对于 Cloth 而言同样如此。我们必须在细节等级和性能之间寻求适合场景的平衡。

低、中和高密度网格以及其变形方式，如图 9.14 所示。

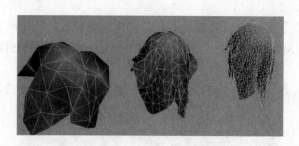

图 9.14

3. HSDS 修改器注释

使用 HSDS 修改器向模型添加细节是非常高效的解决方案，可用于模拟低分辨率的网格，同时获取高质量的结果。但是，如果选择在 Cloth 服装上使用 HSDS 修改器，可能需要在其下应用"编辑网格"修改器，以便将顶点沿接合口焊接在一起，从而防止网格细分时在接合口处分离。

上图所示的是使用 HSDS 时屏幕显示的修改器堆栈。中间的"编辑网格"修改器用于将面板边顶点焊接在一起。如果要保留接合口折缝，则应该继续应用"网格选择"和"平滑"修改器，以便重新选择面板，并在服装上应用不同的平滑组。

9.2 Cloth 修改器

Cloth 修改器是 Cloth 系统的核心，应用于 Cloth 模拟组成部分的场景中的所有对象。该修改器用于定义布料对象和冲突对象、指定属性和执行模拟。其他控件包括创建约束、交互拖动布料和清除模拟组件。

在图 9.15 中，左图尚未应用 Cloth 修改器；右图已应用 Cloth 修改器并执行了模拟。

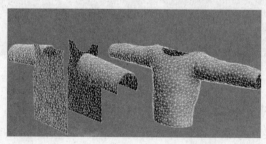

图 9.15

9.2.1 基本概念

在 Cloth 模拟中，需要让 Cloth 知道哪些对象将成为模拟的一部分，哪些对象不是模拟的一部分。在完成上述操作之后，要定义对象的材质。此外还可以指定布料材质，以及什么是固体冲突对象。

由于 Cloth 是修改器，因此其实例将指定给每个要包括在 Cloth 模拟中的对象。这其中包括所有布料对象和冲突对象。注意分别带有单独 Cloth 修改器应用的两个布料对象不会相互作用。我们可以采用多种方式将对象包括在模拟中。

(1) 一次性选择所有对象，然后对其应用 Cloth 修改器。

(2) 对一个或多个对象应用 Cloth，然后使用"添加对象"按钮。

1．测量单位

在进行衣服模拟时需要考虑尺寸大小。一面大幅的旗帜和手帕的行为不同。如果关闭了比例，那么模拟也将关闭。由于 Cloth 离不开现实世界的物理学，因此它采用现实世界的单位。这意味着 Cloth 需要了解 3ds max 中的单位和现实世界中的单位之间的关系。

例如，假定创建的平面为 10×10 的 3ds max 单位。如果希望此平面的行为和 10×10 英寸(in)手帕相似，可设置 Cloth 中的 1 个 3ds max 单位＝1 英寸。如果希望此平面的行为和 10×10 英尺(ft)的床单相似，可设置 Cloth 中的 1 个 3ds max 单位＝1 英尺。

Cloth 忽略 3ds max 系统单位设置(位于"定制"→"单位设置"→"系统单位设置"下)。Cloth 具有其自带的单位设置，该设置是由 Cloth 中的"模拟参数"卷展栏中的"厘米/单位"微调器确定的。该参数告知 Cloth 每个 3ds max 单位等同于多少厘米(cm)。由于 1 英寸等于 2.54 厘米，默认设置 2.54 意味着一个 3ds max 单位等同于 1 英寸。

确定此处使用的设置的操作步骤如下。

(1) 使用测量工具或卷尺辅助对象以 3ds max 单位测量布料(或角色)的尺寸。(称为数字 x)

(2) 确定希望此对象在现实世界中有多大，将此数字转换为厘米。如果采用英寸为单位，只需乘以 2.54 即可。(称为数字 y)。

(3) 厘米/单位＝y/x。

以下是简单示例：我们将文件 man.obj 导入到 3ds max 中，然后要为其穿上衬衫。

① 使用测量工具，发现该角色身高为 170 个 3ds max 单位，因此 y＝170。

② 确定该角色身高 6 英尺。6 英尺＝72 英寸，且 72 英寸＝72×2.54＝182.88 厘米。所以 x＝182.88

(4) 现在的值即可确保衬衫行为的正确。厘米/单位＝y/x＝170/182.88＝0.929。由于在此并不需要很高的精度，因此可将微调器的值调整为 1.0。

2．织物行为

在 Cloth 中，有多种不同的方式可来设置织物行为。您可以令布料的行为类似于皮革、丝绸、粗麻布和任意介于其间的材料。

3．模拟

在设定所有参数之后，现在已经准备就绪，可以开始模拟了。一般情况下，将先执行本地模拟来令织物和角色相匹配。在织物就位之后，可以多次模拟。

在 Cloth 中运行模拟非常轻松。可以对模拟做出多种更改和编辑，将其作为一个不断完善的过程，而非一蹴而就的场景。

4. 约束

我们可采用多种方式约束织物以在模拟期间创建不同的织物效果。Cloth 可以约束布料具有额外的拖拽效果，就仿佛其在空气中飘荡，还可以令其受到场景中空间扭曲的影响。将一部分织物链接到动画物体或将其链接到曲面也是比较常见的约束。例如，创建裤子时要将裤子的顶部约束到角色的腰部；或者需要将窗帘约束到拉杆上。约束条件非常重要，同时也是 Cloth 强大功能的一个体现。Cloth 可以创建多组约束顶点，以获取最大的灵活性。此外还可以将衣服的众多不同组成部分约束到不同节点曲面或其他布料对象上。

Cloth 中的约束可在修改器的"组"子对象层级创建。此处，可以看到布料和冲突等所有选定对象的顶点。随后可以选择这些对象并将其置于组中。在定义组之后，可将选择集附加或"约束"到另一对象，或令其受到外力的影响。

9.2.2 Cloth 修改器的使用步骤

要使用联网的渲染处理场运行布料模拟，请执行以下操作。

复杂布料模拟不仅需要大量计算，而且要花费很长的时间。Cloth 包含使其易于在联网计算机上(渲染处理场的一部分)运行模拟的命令，从而可以释放计算机的空间，以用于场景的其他部分。

(1) 设置模拟。

(2) 对于模拟过程中的每个布料对象，都要选中该对象，然后在"选中的对象"卷展栏上，单击"设置"，并指定缓存的路径和文件名。

为了获得最佳效果，应指定映射的驱动器，并启用"强制 UNC 路径"，从而可以使用通用命名约定指定该路径，以便网络中的所有计算机都可以找到它。此外，将所有缓存文件保留在相同的目录中也是一种不错的方法。

(3) 在"模拟参数"卷展栏上，关闭"模拟启用渲染"。

(4) 保存此场景文件。在"渲染场景"对话框上，启用"网络渲染"，然后单击"渲染"，将该作业提交到单个服务器上。

(5) 与渲染不一样，网络 Cloth 模拟不能在多台服务器计算机之间拆分。

注意：您无需渲染整个动画即可触发缓存的创建，单帧就足够了。

只要服务器计算机启动渲染，它就开始计算模拟并将结果保存到磁盘。通过单击"加载"按钮，可以在任意位置从缓存文件加载最新状态的模拟，以检查其进度。

9.2.3 界面

Cloth 界面因当前修改器堆栈层级而异，一般是对象或四个子对象层级之一：组、面板、接合口、面。

1. "对象"卷展栏

应用 Cloth 修改器之后，"对象"卷展栏是"命令"面板上可以看到的第一个卷展栏。其中包括创建 Cloth 模拟和调整织物属性最常用的控件，如图 9.16 所示。

（1）对象属性：用于打开"对象属性"对话框，在其中可定义要包含在模拟中的对象，确定这些对象是布料还是冲突对象，以及与其关联的参数。

（2）Cloth 力：向模拟添加类似风之类的力(即场景中的空间扭曲)。单击"Cloth 力"以打开"力"对话框。要向模拟添加力，可在左侧的"场景中的力"列表中，突出显示要添加的力，然后单击>按钮，将其移动到"模拟中的力"列表中，即可将其添加到模拟中。此后，该力就将影响到模拟中的所有布料对象。

要从模拟移除力，可在右侧的"模拟中的力"列表中，突出显示要移除的力，然后单击<按钮，将其移到"场景中的力"列表中。

（3）"模拟"组：如图 9.17 所示。

要运行布料模拟，可单击此组三个模拟按钮中的任意一个按钮。要中止模拟，可按下 Esc 键；或者如果"Cloth 模拟"对话框为打开(即进程打开)，可单击"取消"按钮。

① 模拟本地：不创建动画，开始模拟进程。使用此模拟可将衣服覆盖在角色上，或将衣服的面板缝合在一起。

② 模拟本地(阻尼)：和"模拟本地"相同，但是为布料添加了大量的阻尼。将衣服缝合到一起时，如果面板以高速接合在一起将会出现问题，使用阻尼模拟可以减轻这一问题的影响。

③ 模拟：在激活的时间段上创建模拟。与"模拟本地"不同，这种模拟会在每帧处以模拟缓存的形式创建模拟数据。

④ 进程：开启之后，将在模拟期间打开"Cloth 模拟"对话框。该对话框显示模拟进度，其中包括时间信息以及有关错误或时间步阶调整的消息，如图 9.18 所示。

图 9.16

图 9.17

图 9.18

"Cloth 模拟"对话框在模拟运行时显示有关模拟的信息。

⑤ 模拟帧：显示当前模拟的帧数。

⑥ 消除模拟：删除当前的模拟，这将删除所有布料对象的高速缓存，并将"模拟帧"数设置回 1。

⑦ 截断模拟：删除模拟在当前帧之后创建的动画。

例如，如果动画已经模拟到 50 帧，但是只希望保存从 0 到 30 帧的动画关键点，可将时间滑块设置到 30 帧，然后单击此按钮，即从 31 帧开始删除模拟。

(4)"已选对象的操纵器"组：如图 9.19 所示。

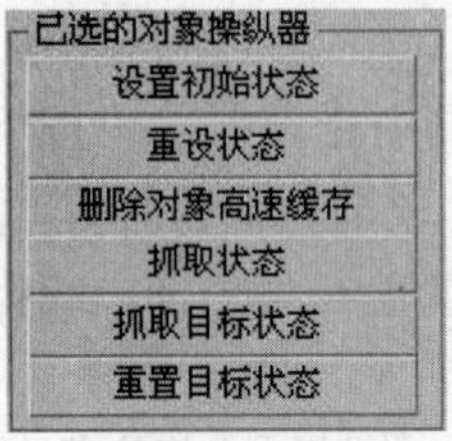

① 设置初始状态：将所选布料对象高速缓存的第一帧更新到当前位置。

② 重设状态：将所选布料对象的状态重设为应用修改器堆栈中的 Cloth 之前的状态。单击此按钮后，将清除模拟；即"模拟帧"设置回 1。

③ 删除对象高速缓存：删除所选的非布料对象的高速缓存。如果对象模拟为布料，并且通过"对象属性"对话框转换为冲突对象(或不活动)，则其布料运动保留在其高速缓存中。

图 9.19

这对于在图层中模拟衣服非常实用。例如，假定模拟角色的裤子，然后将裤子转换为模拟上衣的冲突对象。通过在图层中模拟，可以避免布料对布料冲突检测的问题。如果要从所选对象移除高速缓存的运动，可单击此按钮。

④ 抓取状态：从修改器堆栈顶部获取当前状态，并更新当前帧的缓存。

以下是其使用的示例：

a. 模拟到 100 帧。在回放模拟时，将会看到在 24 帧处有冲突对象穿透衣服。

b. 在 Cloth 之后添加"编辑网格"修改器，然后拖动布料顶点，以便令该对象不穿透衣服。

c. 转至堆栈底部的 Cloth，然后单击"抓取状态"，现在顶点已经移动了两次，其中一次顶点位移由 Cloth 应用，第二次由"编辑网格"应用。

d. 移除"编辑网格"编辑器，此时顶点应该已经处于预期的位置。

⑤ 抓取目标状态：用于指定保持形状的目标形状。从修改器堆栈顶部获取当前变形，并使用该网格来定义三角形之间的目标弯曲角度。

注意：只使用"目标状态"网格的弯曲角度，而不是边长。

提示：要向布料添加一些自然的皱褶，先将布料拖到地板上，单击"抓取目标状态"，然后运行模拟。单击"抓取目标状态"之后，运行模拟之前，请单击"重设状态"(除非您希望布料一直放在地板上！)

⑥ 重置目标状态：将默认弯曲角度重设为堆栈中 Cloth 下面的网格。

注意：对于 Garment Maker 对象，目标弯曲角度取决于在 Garment Maker 修改器中设置的输出方法。要查看实际使用的角度，请使用显示目标状态。

(5) 创建关键点：为所选布料对象创建关键点。该对象塌陷为可编辑的网格，任意变形存储为顶点动画。

(6) 添加对象：用于向模拟添加对象，为此无需打开"对象属性"对话框。单击"添加对象"，然后单击要添加的对象即可。要一次添加多个对象，可按下 H 键并使用"拾取对象"对话框。

(7) 显示当前状态：显示布料在上一模拟时间步阶结束时的当前状态。

如果取消模拟，上一时间步阶将停留在两帧之间。如果允许模拟成功完成，则上一时间步阶等同于最后一帧。

(8) 显示目标状态：显示布料的当前目标状态；即"保持形状"选项使用的所需弯曲角度。

(9) 显示启用的实体碰撞：启用时，高亮显示所有启用实体收集的顶点组。在查看哪些顶点将会涉及实体对象冲突时，该方法非常方便。

(10) 显示启用的自身碰撞：启用时，高亮显示所有启用自收集的顶点组。在查看哪些顶点将会涉及布料对布料的冲突时，该方法非常方便。

2. "选定对象"卷展栏

"选定对象"卷展栏用于控制模拟缓存、使用纹理贴图或插值来控制并模拟布料属性(可选)，以及指定弯曲贴图。此卷展栏只在模拟过程中选中单个对象时显示，如图 9.20 所示。

这些设置用于网络模拟。启用模拟启用渲染进行渲染时，Cloth 可以在联网的计算机上运行模拟，从而使您的本地计算机可用于其他工作。

(1) [文本字段]：显示缓存文件的当前路径和文件名。您可以编辑该字段，但是路径必须存在；如有必要将创建该文件。

对于没有为其指定文件名的布料对象，Cloth 将基于对象名称创建一个文件名。

(2) 强制 UNC 路径：如果文本字段路径是指向映射的驱动器，则将该路径转换为 UNC格式，从而使该路径易于访问网络上的任何计算机。要将当前模拟中所有布料对象的缓存路径都转换为 UNC 格式，请单击"所有"按钮。

(3) 覆盖现有：启用时，Cloth 可以覆盖现有缓存文件。要对当前模拟中的所有布料对象启用覆盖，请单击"所有"按钮。

(4) 设置：用于指定所选对象缓存文件的路径和文件名。单击"设置"，将导航到目录，输入文件名，然后单击"保存"。

(5) 加载：将指定的文件加载到所选对象的缓存中。

(6) 导入：打开一个文件对话框，以加载一个缓存文件，而不是指定的文件。

(7) 加载所有：加载模拟每个布料对象的指定缓存文件。

(8) 保存：使用指定的文件名和路径保存当前缓存(如果有的话)。如果未指定文件，Cloth会基于对象名称创建一个文件。

(9) 导出：打开一个文件对话框，以将缓存保存到一个文件，而不是指定的文件。可以采用默认 CFX 格式或 PointCache2 格式进行保存。

(10) 附加缓存：要以 PointCache2 格式创建第二个缓存，应启用"附加缓存"，然后单击"设置"以指定路径和文件名。在使用"随渲染模拟"进行渲染时也会创建该文件。

(11) "属性指定"组：包括以下几项。

① 插入：在"对象属性"对话框中的两个不同设置(由右上角的"属性 1"和"属性 2"单选按钮确定)之间插入。使用此滑块可以在这两个属性之间设置动画，调整衣服使用的织物设置类型。

② 纹理贴图：设置纹理贴图，对布料对象应用"属性 1"和"属性 2"设置。在此窗口中可以添加灰度纹理贴图，在"对象属性"对话框中设置的两个属性之间混合。黑色表示属性 1，白色表示属性 2。任意灰度值都将在这两个属性之间混合。您可以将纹理贴图拖到此按钮之上，如图 9.21 所示。

布料对象的属性 1 为粗麻布材质，属性 2 为丝绸，其属性由方格程序贴图控制。

(12) 贴图通道：用于指定纹理贴图所要使用的贴图通道，或选择要用于取而代之的顶点颜色。在与 3ds max 中的新绘制工具结合使用时，顶点颜色特别有用。您可以直接绘制对象的顶点颜色，并使用绘制的区域来进行材质指定。

(13) "弯曲贴图"组：用于使用纹理贴图、贴图通道或顶点颜色来调整目标弯曲角度。此项的价值在于您可以绘制布料的变形或使用一些种类的噪波贴图来添加布料的不规则性。

① 弯曲贴图：切换"弯曲贴图"选项的使用。使用数值设置调整的强度。在大多数情况下，该值应该小于 1.0。范围为 0.0 至 100.0，默认值为 0.5。

② [贴图类型]：选择"弯曲"贴图的贴图类型。

a. 顶点颜色：使用顶点颜色通道来进行调整。

b. 贴图通道：使用贴图通道，而不是顶点颜色来进行调整。使用微调器来设置通道。

c. 纹理贴图：使用纹理贴图来进行调整。要指定纹理贴图，应单击该按钮(默认情况下标记为"无")，然后使用"材质/贴图浏览器"来选择该贴图。之后，贴图名称显示在按钮上。

3. "模拟参数"卷展栏

"模拟参数"卷展栏设置用于设置重力、起始帧和缝合弹簧选项等常规模拟属性。这些设置在全局范围内应用于模拟，即应用于模拟中的所有对象，如图 9.22 所示。

图 9.20

图 9.21

图 9.22

(1) 厘米/单位：确定每 3ds max 单位表示多少厘米。进行布料模拟时，尺寸和比例都很重要，因为即使采用同样的织物，10 英尺的窗帘的行为和一英尺见方的手帕的行为也大为不同。默认设置是每 3ds max 单位为 2.54 厘米。这令每个 3ds max 单位约等于 1 英寸。此外可以将此设置设定为 1，令每个 3ds max 单位等于 1 厘米；或设置为 30，令每个 3ds max 单位等于 1 英尺。

(2) 地球：单击此按钮，设置地球的重力值。

(3) 重力：启用之后，重力值(参阅后续内容)将影响到模拟中的布料对象。

(4) [重力值])：以 cm/sec^2 为单位的重力大小。负值表示向下的重力，正值(即无符号)表示作用于布料对象的重力令对象向上移动。默认值设置为与地球的重力加速度相同：-980.0 cm/sec^2。

(5) 步阶：模拟器可以采用的最大时间步阶大小。此值以秒测量。该值必须小于一帧的长度(对于 30 fps 的动画小于 0.033 333)。值为 0.02 通常是所要使用的最大值。降低此值将导致模拟器计算时间更长，但是通常可以提供更好的效果。模拟器将在必要时自动降低其时间步阶，但此设置是其要尝试的最大值，此值和子例参数协同使用。实际的最大值等于步阶值除以子例值。

(6) 子例：软件对固体对象位置每帧的采样次数。默认设置为 1。

采用默认值时，Cloth 对模拟中的固体对象每帧采样一次。在物体快速移动或旋转时，增加此值将会有所帮助，但是此值设置得越高，模拟速度就越慢。

(7) 起始帧：模拟开始处的帧。如果在执行模拟之后更改此值，则高速缓存将移到此帧。默认值为 0。

(8) 结束帧：开启之后，确定模拟终止处的帧。默认值为 100。

(9) 自相冲突：开启之后，检测布料对布料之间的冲突。将此设置关闭之后，将提高模拟器的速度，但是会允许布料对象相互交错。

该数字设置指定 Cloth 趋向于避免布料对象自相冲突的程度，但是这要以模拟时间为代价。范围为 0~10，默认值为 1。 这是最大限制。如果 Cloth 需要较少的计算来解决所有冲突，则它也会较小。在大多数情况下，值没有必要大于 1。

(10) 实体冲突：开启之后，模拟器将考虑布料对实体对象的冲突。此设置始终保留为开启。

(11) 使用缝合弹簧：开启之后，使用随 Garment Maker 创建的缝合弹簧将织物接合在一起。

此设置仅对已使用 Garment Maker 修改器的对象有效。将衣服接合到一起之后，关闭此选项。关闭之后，Cloth 将确认已经缝合在一起的顶点，并将令其始终保持同步一致。开启该选项之后，如果缝合弹簧不是足够牢固(实际上，此情况下的顶点之间始终存在某些细微的间隙)，这些顶点总是有机会分离。

(12) 显示缝合弹簧：用于切换缝合弹簧在视口中的可视表示。这些设置并不渲染。

(13) 随渲染模拟：启用时，将在渲染时触发模拟。利用此项可以使用网络计算机生成模拟，从而使我们能够使用自己的计算机处理场景的其他方面。

渲染完成后，Cloth 将写入每个布料对象的缓存。您可以在"选定对象"卷展栏(只有在选定单个对象时可用)上指定该缓存文件。如果未指定名称，则软件将创建一个名称。

其后的数值指示模拟的优先级；模拟将以升序运行。对于具有相同优先级的修改器，未定义顺序。

> **注意**：每个对象都拥有自己的缓存文件，这是在打开 3ds max 文件时临时创建的。在保存文件时，缓存将并入 3ds max 文件中。启用"随渲染模拟"后，将创建并写入指定的缓存文件，但是在更改时间滑块时却不能读取。缓存文件必须先加载到内部缓存文件中，然后才能进行查看。

(14) 高级收缩：启用时，Cloth 对同一冲突对象两个部分之间收缩的布料进行测试。

该选项有助于布料与冲突对象的小部分特征冲突，如手指。当前对高分辨率冲突对象有显著的性能改进。

4. "组"卷展栏

"组"子对象卷展栏用于选择成组顶点，并将其约束到曲面、冲突对象或其他布料对象。在"组"子对象层级，Cloth 模拟组成部分的所有选中对象显示时，其顶点均为可见，以便可以采用有效方式选中相应的顶点。

在创建此子对象层级或选择组之后，"编组参数"卷展栏即变为可用。

重要信息：Cloth 组的概念既适用于布料对象，也适用于模拟中的冲突对象。在创建组之后，即可给组赋予独特的属性。例如，冲突对象上的组可以具有相对于对象其余部分不同的冲突补偿值。这是使用组时可以应用的强大特性之一。

> **注意**：将鼠标指针置于视口上，即可在可视环境下选择组；此外还可以使用"编组参数"卷展栏中的控件，通过指定软选择或使用纹理贴图来选择顶点。此外，可以在这个层级使用命名选择集工具，如图 9.23 所示。

(1) 设定组：利用选中顶点创建组。选择要包括在组中的顶点，然后单击此按钮，命名该组，然后相应的组将显示在以下列表中，以便将其指定给对象。

(2) 删除组：删除在此列表中突出显示的组。

(3) 解除：解除指定给组的约束，将其状态设置回未指定(即没有约束)。指定给此组的任意独特属性仍然有效。

(4) 初始化：将顶点连接到另一对象(节点、模拟节点、曲面和 Cloth 约束)的约束包含有关组顶点的位置相对于其他对象的信息，此信息在创建约束时创建。要重新生成此信息，可单击此按钮。

(5) 更改组：可用于修改组中选定的顶点。要使用此选项，可执行以下操作步骤。

① 在列表中选择组。

② 更改选择的顶点。

③ 单击"更改组"按钮。

(6) 重命名：用于重命名突出显示的组。

(7) 节点：将突出显示的组约束到场景中对象或节点的变换。可单击"节点"按钮，然后选择要约束的节点。相应的节点不能是模拟中的对象，出于此目的，使用模拟节点约束。

> 注意：　"节点"和"模拟"节点只是将组约束到对象的变换，而不是对象本身。它们无需彼此接近。如果布料和约束对象非常接近，如利用角色网格上的衣服，则改用"曲面"约束(如下所述)。

(8) 曲面：将所选的组附加到场景中冲突对象的曲面上。要使用此选项，可单击"曲面"，然后选择要附加的节点。

> 提示：　此约束最适用于布料和约束对象非常接近的情况，如利用角色网格上的衣服。

(9) Cloth：将布料顶点的选定组附加到另一布料对象。

(10) 保留：此组类型在修改器堆栈中的 Cloth 修改器下保留运动。例如，当前可能具有已经覆盖到骨骼的衣服。我们希望衣服的上半部分不受到 Cloth 模拟的影响(即保持由蒙皮定义的变形)，但是模拟其下半部分。此时，就需要保留上半部分顶点的约束。

(11) 绘制：此组类型将顶点锁定就位或向选定组添加阻尼力。"组参数"卷展栏软关闭后，此约束用于将顶点锁定就位，以便这些顶点一点也不移动。"软"选项打开之后，顶点上将应用拉力，拉力的大小由"组属性"卷展栏上的"强度"和"阻尼"值控制。

(12) 模拟节点：除了该节点必须是 Cloth 模拟的组成部分之外，此选项和"节点"选项的功用相同。

(13) 组：将一个组附加到另一个组，仅建议用于单顶点组，即只包含一个顶点的组。使用此选项，可以将一个布料顶点粘贴到另一个布料顶点。选择一个组，单击此按钮以打开"拾取组"对话框，然后选择另一组。

(14) 无冲突：忽略在当前选择的组和另一组之间的冲突。单击此按钮之后，系统将提示选择另一组。使用此选项可以避免模拟器处理布料和身体在手臂下或两条腿间的冲突。

(15) 力场：用于将组链接到空间扭曲，并令空间扭曲影响顶点。

(16) 粘滞曲面：只有在组与某个曲面冲突之后，才会将其粘贴到该曲面上，必须为该约束启用实体收集才能使其生效。

(17) 粘滞 Cloth：只有在组与某个曲面冲突之后，才会将其粘贴到该曲面上，必须为该约束启用自收集才能使其生效。

(18) [组列表]：显示所有当前组。该列表下显示和突出显示的组关联的顶点数。要指定、复制、粘贴、删除或更改已创建的组，可先在列表中突出显示组的名称。

(19) 复制：将命名选择集复制到缓冲区。

(20) 粘贴：从复制缓冲区粘贴命名选择集。

5. "编组参数"卷展栏

在使用"创建组"在顶点选择上创建至少一个组之后，系统将会显示"编组参数"卷展栏。此后，在"组"卷展栏列表中突出显示组，以便在"编组参数"卷展栏中显示和编辑组的设置，如图 9.24 所示。

1) "约束参数"组

(1) 启用：启用之后，可使用此组框中的其余设置，为"组"卷展栏的组列表中的当前组指定约束。

(2) 软：将约束类型设置为软。软约束在顶点之间使用弹簧。关闭之后，约束为硬性。约束类型为"节点"、"曲面"、"保留"、"拖动"和"模拟节点"，既可为硬也可为软。Cloth、组和力场约束始终为软。

(3) ID：使用材质 ID 将组附加到对象。此选项仅适用于"曲面"和 Cloth 约束。如果在创建或初始化约束之后，布料顶点不在三角形之上，则将在具有所需材质 ID 的最近的三角形处创建约束。这意味着若干个顶点可能都约束到同一三角形中心。此时只应使用软选择。硬约束则将所有布料顶点拉到该三角形的同一点上，这看起来会觉得很奇怪。

(4) 补偿：约束组以及其约束对象或目标与对象之间的距离变化，默认值为 1.0(启用 rel. 的情况下)。这样可以设置约束的组，以保持其与目标对象的原始距离。设置为 0.0 后，该约束力求将与目标对象的距离为零。

(5) 强度：在约束为软时指定弹簧的强度。

(6) 阻尼：在约束为软时指定弹簧的阻尼。

(7) rel.：指定作为原始值比值的补偿值，只用于曲面和 Cloth 约束类型。例如，如果要将约束顶点移动其初始距离的一半，可选中 Rel 复选框，然后将补偿值设置为 0.5。

(8) vc：设置顶点颜色以确定约束的强度。

(9) 1 对 1：如果在 Garment Maker 中更改了网格密度，重新指定组选择。"1 对 1"选项选择与原始顶点最靠近的顶点。

(10) 水滴：在 Garment Maker 中更改了网格密度之后，重新指定组选择。"水滴"选项选择初始顶点和在其特定半径之内创建的顶点。该半径可以设为默认或自动，也可以手动设置。

(11) 半径：开启之后，用于设置"水滴"选项使用的半径距离(参阅此前说明)。关闭之后，"水滴"使用自动半径值。

2) "行为设置"组

(1) 行为设置：切换该组中其他设置的可用性。关闭时，其他设置无效。

(2) 实体收集：开启之后，将在实体冲突检测使用组顶点。

(3) 自收集：开启之后，将在自冲突检测使用组顶点。

(4) 层：指示可能会彼此接触的布片的正确"顺序"，范围为 100 到 100 之间；默认为 1。

如果衣服和(或)衣片一开始都正确定向，则布料对布料冲突检测应该保持对象互相穿插。然而，衣服/衣片的初始状态可能拥有一些无法解析的穿插。例如，假设使用 Garment Maker 制作了一件夹克，其右前片位于左前片的顶部，将衣服缝合在一起后(通常关闭自相冲突)，前片将穿插，以确保右片位于左片的外部，您可能必须使用约束或"动态拖动"。在此使用面板上"层"选项会有所帮助。

此处是层的逻辑：当布料的两片(A 和 B)处于冲突检测范围时，将比较它们的层(layerA 和 layerB)，并应用以下规则：

① 如果 layerA 或 LayerB 是 0，则 Cloth 使用常规的布料对布料冲突方法。

② 如果 layerA＝layerB，则 Cloth 使用常规的布料对布料冲突方法。

③ 如果 abs(layerA) > abs(layerB)，则片 A 将推进到片 B 的相应一侧，具体是哪一侧呢？
如果 layerB>0，则推进到由面法线指示的那一侧；如果 layerB<0，则推进到相反的一侧。

层值的符号指出布片"向外"的位置，正号表示"法线面向外的一侧"。

(5) 保持形状：启用之后，保留网格的形状。正常操作时，Cloth 创建模拟之后，将尝
试令布料变平。

"保持形状"数值将目标弯曲角度调整为介于 0.0 和目标状态所定义的角度之间的值。
负数值用于反转角度。范围为-100.0～100.0，默认设置为 100.0。

3) "预设"组

将 Cloth 属性参数设置为下拉列表中选择的预设值。此处将显示系统内置或已经加载
的全部预设值。

(1) 加载：从硬盘驱动器加载预设值。单击此按钮，然后导航至预设值所在目录，然
后将其加载到 Cloth 属性中。

(2) 保存：将 Cloth 属性参数保存到文件，以便日后加载。

(3) 使用这些属性：从以下卷展栏的设置中确定布料属性。

(4) 取自对象：将组的布料属性设置为与选择属性所在对象相同的属性。如图 9.25
所示。

4) "取自对象"组

(1) U 弯曲/V 弯曲：弯曲阻力。此值设置得越高，织物能弯曲的程序就越小。棉织物可
能比皮革易于弯曲，因此采用 15.0 的 U 和 V 弯曲值可能适合于棉，50.0 比较适合于皮革。

默认情况下，"U 弯曲"和"V 弯曲"参数锁定在一起，以便更改其中之一即可将另一
个参数设置为相同的值。只有在"各向异性"关闭时才可以将这两个参数设为不同的值。
只对于 Garment Maker 对象才建议这样做。

在图 9.26 中，左图：U 和 V 弯曲＝50，模拟麻材质；右图：U 和 V 弯曲＝2.5，模拟
丝或其他轻质织物。

图 9.23

图 9.24

图 9.25

图 9.26

(2) U 弯曲曲线/V 弯曲曲线：织物折叠时的弯曲阻力。默认值为 0，弯曲阻力设置为常数。设置为 1 将令织物在角度介于三角形和接近 180° 之间时，具有很高的弯曲阻力。此时两个相邻的三角形无法相互交叉，因此增加此值可避免这一现象的发生。

默认情况下，"U B 曲线"和"V B 曲线"参数锁定在一起，以便更改其中之一即可将另一个参数设置为相同的值。只有在"各向异性"关闭时才可以将这两个参数设为不同的值。只对 Garment Maker 对象建议这样做。

(3) U 拉伸/V 拉伸：拉伸阻力。对于大多数衣料来说，默认值 50.0 是一个比较合理的值。值越大布料越坚硬，较小的值令布料的拉伸阻力更像橡胶。

默认情况下，"U 拉伸"和"V 拉伸"参数锁定在一起，以便更改其中之一即可将另一个参数设置为相同的值。只有在"各向异性"关闭时才可以将这两个参数设为不同的值。只对于 Garment Maker 对象才建议这样做。

(4) 剪切力：剪切阻力。值越高布料就越硬。剪切力定义单个三角形的变形能力。如果要将三角形的边置于窄线之内，此值将表示该线延展的长度。值较高时，此长度将只是其余所有侧边长度的总和。较低的值将允许此长度大于其余所有侧边。延展边的长度不是基于一对一的关系。多边形的一边可以比另一边延展更多，只要不超出总的切变值即可。

(5) 密度：每单位面积的布料重量(gm/cm^2)。值越高表示布料就越重，例如劳动服布料的值就较高。对于丝类的材质可使用较小的值。

(6) 厚度：定义织物的虚拟厚度，便于检测布料对布料冲突。如果禁用了布料对布料的冲突，则此值无关。值较大令布料间隔较远的距离。在此字段务必谨慎，不要使用太大或太小的值。值过大将干涉布料的自然行为；值过小将导致模拟器计算时间过长。此距离采用厘米(cm)测量，且应该小于构成布对象的三角形尺寸。设置为 0.0 将令 Cloth 自动指定合理的厚度值，如图 9.27 所示。

(7) 排斥：用于排斥其他布对象的力值。如果禁用了布料对布料的冲突，则此值无关。模拟器将按照此值成比例应用排斥力，令该布料避免和其他布料对象接触。如果在布料的不同组成部分之间有众多冲突，或者布料要互相贯通，则需增大此值。

(8) 阻尼：值越大，织物反应越迟钝。采用较低的值，织物行为的弹性将更高。阻尼较高的布料停止反应的时间要比阻尼较低的布料快。高阻尼导致布料的行为像在油液中移动一样，过高的阻尼将导致模拟不稳定。默认值 0.01 是最佳选择。

(9) 空气阻力：由于空气产生的阻力。此值将确定空气对布料的影响有多大。较大的空气阻力值适用于致密的织物，较小的值适用于宽松的衣服。

(10) 动摩擦力：布料和固体之间的动摩擦力。较大的值将增加更多的摩擦力，导致织物在物体表面上滑动较少。较小的值将令织物在物体上易于滑动，类似于丝织物将会产生的反应。

(11) 静摩擦力：布料和固体之间的静摩擦力。当布料处于静止位置时，此值将控制其在某处的静止或滑动能力。

(12) 自摩擦力：布料自身之间的摩擦力。自摩擦力与动摩擦力和静摩擦力类似，只是其应用于布料自身之间的摩擦。值较大将导致布料本身之间的摩擦力更大。

(13) U 比例：控制布料沿 U 方向延展或收缩的多少(该方向由 Garment Maker 定义。对于非 Garment Maker 网格,此设置对布料沿两个轴应用相同的比例,并且忽略 V 比例参数)。值小于 1 将令织物在模拟时收缩,值大于 1 将令织物延展。

(14) V 比例:控制布料沿 V 方向延展或收缩的多少(该方向由 Garment Maker 定义。值小于 1 将令织物在模拟时收缩,值大于 1 将令织物延展。

(15) 接合力:当前不使用,只保留用于向后兼容此前产品的较早版本,该产品名为 Stitch。这是一个全局接合力,但是当前的接合力是在接合口子对象模式上以接合口对接合口基础定义的。

(16) 深度:冲突深度。如果部分布料在冲突对象中达到此深度,模拟将不再尝试将布料推出网格。此值以 3ds max 单位测量。

(17) 补偿:在布料和冲突对象之间保持的距离。较低的值将导致冲突网格从布料下突出来;较高的值将令织物看起来像是漂浮在冲突对象的顶部。

(18) 可塑性:布料保持其当前变形(即弯曲角度)的倾向。

这与保持形状有所不同,其确定布料倾向于保持其原始变形(或"目标状态"定义的变形)的程度。如果将"可塑性"设置为 100.0,则布料不会尝试更改三角形之间的角度;如果希望获得较硬的布料,但是不希望布料膨胀,则增加"可塑性"值。

(19) 基于:列出组属性所基于的预设值。在修改参数和保存预设值时,Cloth 将使用上次作为"基于"名称所加载的预设值名称。

(20) 各向异性:启用时,可以为"弯曲"、"B 曲线"和"拉伸"参数设置不同的 U 值和 V 值。U 方向和 V 方向由 Garment Maker 定义,并且不应用于非 Garment Maker 网格,对于这些网格,设置不同的 U/V 值可能会导致意外的行为。

(21) 使用边弹簧:这是用于计算拉伸的备用方法。启用此选项之后,拉伸力将以沿三角形边的弹簧为基础。因此,一般拉伸力和剪切力将采用更加复杂的方式计算,以便更加精确地反应基础物理属性。

(22) 使用 Cloth 深度/偏移:使用为该组设置的深度和偏移值。启用后,布料对象将忽略冲突对象的"深度"和"偏移"值。

5)　"软选择"组

"软选择"组如图 9.28 所示。

"软选择"控件在组的基础上应用,用以允许顶点的软选择靠近显式选择的组成员。该项与 3ds max 其他部分的顶点软选择相同,如图 9.29 所示。

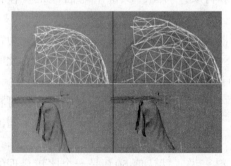

图 9.27

图 9.28

图 9.29

使用纹理贴图：启用之后，Cloth 使用纹理贴图指定属于当前组的顶点软选择。单击该按钮(默认为 None)以选择纹理贴图。使用"贴图通道"控件选择贴图通道或顶点颜色通道。

在此窗口中可以添加灰度纹理贴图，在组中混合未选择和完全选择的像素。黑色表示未选择，白色表示完全选择。任意灰度值混合两者，您可以将纹理贴图拖到此按钮之上。

注意：对于要应用于组的纹理贴图，必须至少显式选择一个顶点。但是，在启用"使用纹理贴图"之后，组的显式顶点选择不起作用。

6. "面板"卷展栏

在"面板"子对象层级上，可以随时选择一个面板(布料部分)，并更改其布料属性。面板必须由 Garment Maker 修改器创建，因为没有由另一样条线包含的闭合样条线。如果闭合的样条线由另一样条线包含，将在外部的样条线中形成孔洞。

注意：要在此子对象层级选择面板，必须先使用对象属性来指定该对象为布料对象。
    此外，要在此卷展栏上更改设置，需要先启用"对象属性"：使用面板属性。
    面板如图 9.30 所示。

(1) "预设"组：包括以下几项。

① 预设：将选定面板的属性参数设置为下拉列表中选择的预设值，系统内置的任意预设值或此前保存并加载的设置值均在此显示。预设值的文件扩展名为 .sti。

② 加载：从硬盘加载预设值。单击此按钮，然后导航至预设值所在目录，并将其加载到 Cloth 属性中。

③ 保存：将 Cloth 属性参数保存为文件，以便此后加载。默认情况下，所有 Cloth 预设文件均保存于\3dsmax\cloth 文件夹。

(2) U 弯曲/V 弯曲：弯曲阻力。此值设置得越高，织物能弯曲的程序就越小。棉织物可能比皮革易于弯曲，因此采用 15.0 的 U 和 V 弯曲值可能适合于棉，50.0 比较适合于皮革。

默认情况下，"U 弯曲"和"V 弯曲"参数锁定在一起，以便更改其中之一即可将另一个参数设置为相同的值。只有在"各向异性"关闭时才可以将这两个参数设为不同的值。只对于 Garment Maker 对象才建议这样做。

在图 9.31 中，左图：U 和 V 弯曲＝50，模拟麻材质；右图：U 和 V 弯曲＝2.5，模拟丝或其他轻质织物。

(3) U 弯曲曲线/V 弯曲曲线：织物折叠时的弯曲阻力。默认值为 0，弯曲阻力设置为常数。设置为 1 将令织物在角度介于三角形和接近 180°之间时，具有很高的弯曲阻力。此时两个相邻的三角形无法相互交叉，因此增加此值可避免这一现象的发生。

默认情况下，"U B 曲线"和"V B 曲线"参数锁定在一起，以便更改其中之一即可将另一个参数设置为相同的值。只有在"各向异性"关闭时才可以将这两个参数设为不同的值。只对于 Garment Maker 对象才建议这样做。

(4) U 拉伸/V 拉伸：拉伸阻力。对于大多数衣料来说，默认值 50.0 是一个比较合理的值。值越大布料越坚硬，较小的值令布料的拉伸阻力更像橡胶。

默认情况下，"U 拉伸"和"V 拉伸"参数锁定在一起，以便更改其中之一即可将另一个参数设置为相同的值。只有在各向异性关闭时才可以将这两个参数设为不同的值。只对于 Garment Maker 对象才建议这样做。

(5) 剪切力：剪切阻力。值越高布料就越硬。剪切力定义单个三角形的变形能力。如果要将三角形的边置于窄线之内，此值将表示该线延展的长度。值较高时，此长度将只是其余所有侧边长度的总和。较低的值将允许此长度大于其余所有侧边。延展边的长度不是基于一对一的关系。多边形的一边可以比另一边延展更多，只要不超出总的切变值即可。

(6) 密度：每单位面积的布料重量(gm/cm^2)。值越高表示布料就越重，例如，劳动服布料的值就较高。对于丝类的材质可使用较小的值。

(7) 厚度：定义织物的虚拟厚度，便于检测布料对布料冲突。如果禁用了布料对布料的冲突，则此值无关。值较大令布料间隔较远的距离。在此字段务必谨慎，不要使用太大或太小的值。值过大将干涉布料的自然行为。值过小将导致模拟器计算时间过长。此距离采用厘米(cm)测量，且应该小于构成布对象的三角形尺寸。设置为 0.0 将令 Cloth 自动指定合理的厚度值。

如图 9.32 所示。左图：布的定片厚度为 0；右图：厚度为 9。

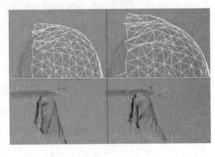

图 9.30   图 9.31   图 9.32

(8) 排斥：用于排斥其他布对象的力值。如果禁用了布料对布料的冲突，则此值无关。模拟器将按照此值成比例应用排斥力，令该布料避免和其他布料对象接触。如果在布料的不同组成部分之间有众多冲突，或者布料要互相贯通，则需增大此值。

(9) 阻尼：值越大，织物反应就越迟钝。采用较低的值，织物行为的弹性将更高。阻尼较高的布料停止反应的时间要比阻尼较低的布料快。高阻尼导致布料的行为象在油液中移动一样。过高的阻尼将导致模拟不稳定。0.01 是一个比较好的值(注：默认值为 0.1，但是实际上这个值较高)。

(10) 空气阻力：由于空气产生的阻力。此值将确定空气对布料的影响有多大。较大的空气阻力值适用于致密的织物，较小的值适用于宽松的衣服。

(11) 动摩擦力：布料和固体之间的动摩擦力。较大的值将增加更多的摩擦力，导致织物在物体表面上滑动较少。较小的值将令织物在物体上易于滑动，类似于丝织物将会产生的反应。

(12) 静摩擦力：布料和固体之间的静摩擦力。当布料处于静止位置时，此值将控制其在某处的静止或滑动能力。

(13) 自摩擦力：布料自身之间的摩擦力。自摩擦力与动摩擦力和静摩擦力类似，只是其应用于布料自身之间的摩擦。值较大将导致布料本身之间的摩擦力更大。

(14) U 比例：控制布料沿 U 方向延展或收缩的多少(该方向由 Garment Maker 定义。对于非 Garment Maker 网格，此设置对布料沿两个轴应用相同的比例，并且忽略 V 比例参数)。值小于 1 将令织物在模拟时收缩，值大于 1 将令织物延展。

(15) V 比例：控制布料沿 V 方向延展或收缩的多少(该方向由 Garment Maker 定义。值小于 1 将令织物在模拟时收缩，值大于 1 将令织物延展。

(16) 接合力：当前不使用，只保留用于向后兼容此前产品的较早版本，该产品名为 Stitch。这是一个全局接合力，但是当前的接合力是在接合口子对象层级上的接合口对接合口基础上定义的。

(17) 可塑性：布料保持其当前变形(即弯曲角度)的倾向。

这与保持形状有所不同，其确定布料倾向于保持其原始变形(或“目标状态”定义的变形)的程度。如果将“可塑性”设置为 100.0，则布料不会尝试更改三角形之间的角度。如果希望获得较硬的布料，但是不希望布料膨胀，则增加“可塑性”值。

(18) 深度：冲突深度。如果部分布料在冲突对象中达到此深度，模拟将不再尝试将布料推出网格。此值以 3ds max 单位测量。

(19) 补偿：在布料和冲突对象之间保持的距离。非常低的值将导致冲突网格从布料下突出来。非常高的值将令织物看起来像是漂浮在冲突对象的顶部。

(20) 使用 Cloth 深度/偏移：使用为该面板(参见前面)设置的“深度”和“偏移”值。启用后，布料对象将忽略冲突对象的“深度”和“偏移”值。

(21) 基于：列出面板属性所基于的预设值。在修改参数和保存预设值时，Cloth 将使用上次作为“基于”名称所加载的预设值名称。

(22) 各向异性：启用时，可以为“弯曲”、“B 曲线”和“拉伸”参数设置不同的 U 值和 V 值。U 方向和 V 方向由 Garment Maker 定义，并且不应用于非 Garment Maker 网格，对于这些网格，设置不同的 U/V 值可能会导致意外的行为。

(23) 使用边弹簧：这是用于计算拉伸的备用方法。启用此选项之后，拉伸力将以沿三角形边的弹簧为基础。(因此，一般拉伸力和剪切力将采用更加复杂的方式计算，以便更加精确地反应基础物理属性)。

(24) 使用实体摩擦：使用冲突物理的摩擦力来确定摩擦力。可以为布料或冲突对象指定冲突值。这将便于您为每个冲突对象设置不同的摩擦力值。

(25) 保持形状：启用之后，保留网格的形状。在正常操作下，当 Cloth 创建模拟之后，将尝试令布料变平。

"保持形状"数值将目标弯曲角度调整介于 0.0 和目标状态所定义的角度之间的值。负数值用于反转角度。范围为-100.0 至 100.0。默认设置为 100.0。

7. "接合口"卷展栏

"接合口"子对象卷展栏用于定义接合口属性，如图 9.33 所示。

(1) 启用：启用或关闭接合口，将其激活或取消激活。

(2) 折缝角度：在接合口上创建折缝，角度值将确定介于两个面板之间的折缝角度。(该值可为正值或负值，具体取决于折缝的方式)。

在图 9.34 中，左图：高折缝角度；右图：低折缝角度。

(3) 折缝强度：增减接合口的强度。此值将影响接合口相对于布料对象其余部分的抗弯强度。值为 2.0 表示布料具有双倍的抗弯强度(通过"对象"→"面板"→"顶点组属性"定义)。

(4) 缝合刚度：模拟时面板拉合在一起的力的大小，值较大将面板拉合在一起更结实和更快。

(5) 启用全部：将所选衣服上的所有接合口设置为激活。

(6) 禁用全部：将所选衣服上的所有接合口设置为关闭。此按钮令所有接合口上的"启用"复选框变为不可选。

8. "面"卷展栏

"面"子对象卷展栏启用布料对象的交互拖放，就像这些对象在本地模拟一样。此子对象层级用于以交互性更好的方式在场景中定位布料。

注意：如果错误地定位布料，则可以返回到"对象"层级并单击"重设状态"按钮恢复原始位置，如图 9.35 所示。

图 9.33　　　　　　　　图 9.34　　　　　　　　图 9.35

(1) 模拟本地：开始布料的本地模拟，为了和布料能够实时交互反馈，必须启用此按钮。

(2) 动态拖动!：在激活之后，可以拖动选中的面，就像在本地模拟一样。

(3) 动态旋转!：在激活之后，可以旋转选中的面，就像在本地模拟一样。

(4) 随鼠标下移模拟：只在鼠标左键点击时运行本地模拟。使用此模式，可以只通过释放鼠标按钮来启停本地模拟，这样将便于更加轻松地在场景中定位和旋转布料的面。

(5) 忽略背面：启用时，可以只选择自己面对的那些面。禁用时(默认设置)，可以选择鼠标指针下的所有面，而无需考虑可见性或朝向。

9.3　Garment Maker 修改器

Garment Maker 是一种修改器，该修改器专门用于将 2D 图案放在一起，之后可以与 Cloth 一起使用。通过 Garment Maker，可获取基于样条线的简单平面图案，并将其转换为网格，布置其面板，然后创建接合口将面板缝合在一起。您还可以为皱褶和剪切指定内部接合线。

选择形状对象(样条线或 NURBS 曲线)。>"修改"面板 >"修改器列表" >"对象空间"修改器> Garment Maker

9.3.1　基本概念

1．样条线

开始使用 Garment Maker 时，一般是在 3ds max 界面的"顶"视图中导入或绘制出传统的 2D 样条线。为了将样条线和 Garment Maker 甚至是最终的 Cloth 一起使用，务必切记该样条线必须为闭合的形状。这并不意味着样条线之中不能再有样条线，但是应该意识到如果在样条线中具有多个样条线，内部的样条线将作为织物中的"孔洞"处理，如图 9.36 所示。

两个闭合的样条线是指一个样条线中内嵌另一个样条线，如图 9.37 所示。

在应用 Garment Maker 之后生成的几何体。

此外，为了保持图案准确(没有边界的边和角的圆整)，必须在角顶点处断开样条线。由于直接影响到用于创建单独面板之间接合口的样条线线段，因此这一点至关重要。为了便于理解，我们提供了以下示例。

若要将 Garment Maker 应用到图 9.37 中的两个矩形样条线。在应用 Garment Maker 之后，要沿内边在两个面板之间创建接合口。首先，应该注意两个样条线都是闭合形状，且都已附加，因此两者均为同一可编辑样条线对象的组成部分，如图 9.38 所示。

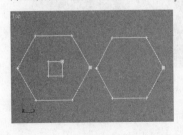
图 9.36

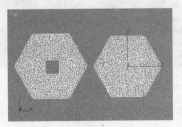
图 9.37

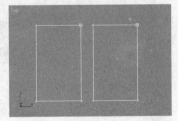
图 9.38

指定 Garment Maker 之后，其结果如图 9.39 所示。

Garment Maker 似乎禁用了矩形样条线的"断开的"角，从而改变了图案。除此之外，如果用户尝试选择构成接合口的面板的边，则无法实现。这是因为对于每个面板而言，Garment Maker 当前只有一个样条线可供使用。

要保持图案的整洁，请执行以下操作：

(1) 打开"可编辑样条线"的"顶点"子对象层级。

(2) 选择要创建接合口的顶点。

(3) 单击"断开"，创建 Garment Maker 可用于创建接合口的唯一一段。

如图 9.40 所示为选择所有顶点后断开的结果。

选中面板上所有顶点然后"断开"，结果如图 9.41 所示。

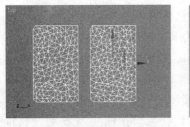

图 9.39

图 9.40

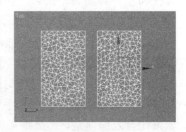

图 9.41

应用于断开的样条线的 Garment Maker。

现在角被保存了。在用户选择面板之间的边用作接合口时，这些边将不依赖于其他面板的边选中，突出显示为红色，如图 9.42 所示。这也正是我们创建接合口所需要的。

在"接合口"子对象层级选择的接合口边显示为红色。

2. 衣服面板

Garment Maker 的面板子对象层级可用于在角色周围布置图案面板。我们可以在面板的连接处创建接合口，然后将其缝合在一起。这样即可创建所需的接合口，同时看到衣服穿在角色上的感觉如何。大部分情况下，以此方式创建接合口的效果远远胜于在平面布局上创建，因为前者可以看到正在工作的效果。

使用已定义的接合口布置面板的结果如图 9.43 所示。

3. 创建图案

要创建图案，可使用 3ds max 中的基本 2D 样条线工具。Cloth 附带若干种图案，但在学习其使用方法之后，您可能需要开始创建定制图案。此处的图案可以利用真正的缝合图案所具有的众多特性，例如缝合褶和多段接合口。

4. 组合技巧

在开始超越基本图案来创建定制图案时，为了有效利用 Cloth，我们需要遵循以下规则：

(1) 始终在"顶"视口中创建图案样条线，Garment Maker 假定图案均以此方式布置。

(2) 在使用多段边缝合衣服时，必须留意接合口创建的顺序。

注意：多段是由两个或多个单独的段构成的单一段，可使用 Garment Maker 创建。

创建几何口时，不能使用：

(1) 具有多个缝隙的多段，除非除一个缝隙之外所有这些缝隙都已经通过另一接合口跨接。

(2) 构成闭环的段或多段(即路径直接或通过接合口完全包含多段)。

在如下所示的普通袖子组合过程中，上述两个问题都出现了。袖子需要缝合到臂孔上，在组装的时候，两条袖子都和臂孔构成了闭环。袖子通过沿其下侧的接合口构成闭环，臂孔通过两个接合口闭合：一个穿过肩部，另一个顺侧边而下。

现在，由于无法将闭环缝合在一起，因此在创建接合口将臂孔和袖子连接在一起时，臂孔和袖子必须为不闭合。因此正确的顺序如下：

(1) 由于袖子是一段，而臂孔是两段，因此必须先使用这两段创建多段。

(2) 在处理多段接合口时，创建顺序很重要。如果尝试以错误的顺序创建接合口，可能会得到"接合线布局错误"的消息，同时无法创建接合口。在使用多段接合口时，创建匹配所要连接的另一部分布局的多段接合口所需的最少接合口即可。

此时，底部将会有一个手臂接合口为打开，同时在顶部和底部都有一个打开的多段。如果闭合衣服侧边，那么结果将如图 9.44 中间的图像所示，即接合口扭曲(且无法通过反转接合口解开)。通过在肩部用接合口臂孔多段的顶部，就已经创建了设定多段接合口所需的正确布局。

接下来，即可将袖子缝到臂孔上。如以图 9.44 最左侧的图示。

最后，可以沿着衣服的侧边向下然后穿过袖子的下边添加接合口(此处的顺序无关)。

图 9.44 的左图：先为肩部创建接合口，然后为多段创建接合口，得到预期的结果。

图 9.44 的中图：先在身体多段的底部创建接合口，导致从手臂到身体的多段无法反转。

图 9.44 的右图：没有在身体上创建接合口连接其多段，导致接合口布局错误。

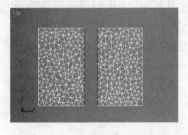  

图 9.42   图 9.43   图 9.44

5．内部接合线

绘制面板时，可以使用开放的样条线定义面板中的接合线，称为内部接合线。三角剖分始终出现在这些内部接合线上，因此我们可以使用它们帮助定义布料面板的结构，并且作为折缝线。此外，还可以指定内部接合线应该是剪切，以便模拟过程中布料沿着该线分开。

要创建内部接合线，只需指定内部样条线的材质 ID 为 2，即表示不闭合。而且，为了获得最佳效果，应使其端点远离图形中的其他样条线，并且与外部接合线一样，内部线不应该彼此交叉或与其他样条线交叉，如图 9.45 所示。

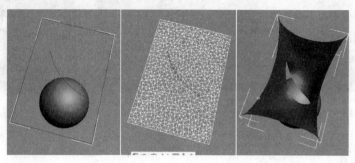

图 9.45

9.3.2　Garment Maker 修改器的操作步骤

要自动放置衣服面板，请执行以下操作：

Garment Maker 修改器提供在人体形状角色模型上定位衣服面板的工具。自动放置是近似的，通常需要进行进一步的调整。

(1) 加载或创建您的角色模型。

(2) 创建面板作为与世界 XY 平面平行的样条线或 NURBS 曲线(即在"顶"视口中创建它们)，如图 9.46 所示。

(3) 应用"衣服生成器"修改器，根据需要设置相关参数。最终效果如图 9.47 所示。

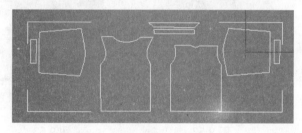

图 9.46　　　　　　　　　　　　　图 9.47

(4) 在"主参数"卷展栏上，单击"无"按钮，然后单击角色模型，对象的名称显示在按钮上。

(5) 在该按钮下面，单击"标记图形上的点"按钮，角色轮廓出现在每个视口的角中。7 个星号的点叠加在轮廓上；胸部中心顶部的叠加突出显示为红色，如图 9.48 所示。

(6) 单击模型前面相应的点。当鼠标指针移到模型表面上时，红色的圆显示将放置标记的位置。单击时，三轴架出现在该位置的曲面上，并且骨盆区域中心处角色轮廓上的下一个点高亮显示为红色，如图 9.49 所示。

三轴架出现在所单击的对象曲面上。

(7) 继续单击角色轮廓上高亮显示的标记相对应的模型上的每个位置，直到指定了所有 7 个点为止，如图 9.50 所示。

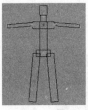

图9.48　　　　　　　　图9.49　　　　　　　　图9.50

在角色模型上标记所有7个点。

要完成该操作，请右键单击视口。

(8) 转至"面板"子对象层级，然后选择一个面板。如图9.51所示为选定了前面的衬衫面板。

(9) 在"面板"卷展栏的底部，选择一个层级，然后在"面板位置"组中，单击与面板所需位置相对应的按钮。

面板移动到指定的位置，如图9.52所示。

面板位置＝中心前；层级＝肩部顶端

(10) 根据需要进行调整。例如，在上面的演示中，"层级"可能应该设置为"颈部顶端"。为了纠正该问题，将选择"颈部顶端"，然后再次单击"面板位置"→"前中心"，结果如图9.53所示。

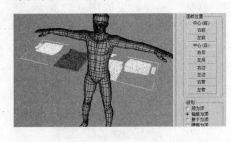

图9.51　　　　　　　　图9.52　　　　　　　　图9.53

面板位置＝中心前；层级＝颈部顶端

当然，也可以手动移动面板；实际上，大多数情况下，也需要这样做。面板位置服务器主要作为放置面板的起始点。

(11) 继续选择面板并且放置它们，然后根据需要进行调整，如图9.54所示。

使用"面板位置"放置面板。注意，袖子面板需要旋转90°，袖口面板需要旋转并移动到手腕。

9.3.3　界面

Garment Maker界面因当前修改器堆栈层级而异：对象(主要参数)或四个子对象层级之一：

1. "主要参数" 卷展栏

应用 Garment Maker 修改器之后,"主要参数"卷展栏是在"修改"面板上出现的第一个卷展栏。此卷展栏包含用于创建和调整网格的大部分控件,如图 9.55 所示。其余卷展栏在子对象层级可用。

(1) 密度:调整网格的相对密度(换句话说就是每单位面积的三角形数),允许的值为 0.01~10.0。值 10.0 表示创建密度非常大的网格,而值 0.01 表示创建相对低分辨率的网格,如图 9.56 所示。

要获得最佳效果,请使用尽可能低的密度以获得预期的结果,这将有助于减少模拟时间,提高整体性能。

在图 9.57 中,左图:密度=0.5;右图:密度=1.5。

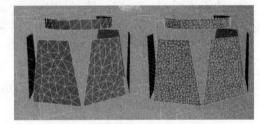

图 9.54　　　　　　　　　图 9.55　　　　　　　　　图 9.56

(2) 自动网格:开启之后,Garment Maker 将在密度更改或增/减接合口时自动更新网格。

该设置在所有子对象层级都处于活动状态,因此建议启用它以查看所做的更改。唯一可能想禁用"自动网格"的时间是在"曲线"子对象层级创建接合口。由于重新网格化需要花费一些时间,因此可能需要在重新网格化之前定义众多接合口。

(3) 保留:在和自动网格一同启用时,Garment Maker 将保留对象的 3D 形状。禁用后,如果更改"密度"值,则面板为平面。

(4) 设置网格!:应用密度值的更改。如果关闭了自动网格,则必须按下"设置网格!"按钮来使应用密度更改。

提示:有时在错误的情况下,"设置网格!"按钮将不再响应。如果出现这种情况,
请转到修改器堆栈中的样条线层级,然后返回 Garment Maker 层级。

(5) 设置网格并保留:应用密度更改,同时保留对象的 3D 形状。该选项将允许在模拟之后更改布料或基本样条线图形的密度,而不必再次运行模拟。

以下设置(包含三个单选按钮)确定布料面板如何在修改器堆栈上向上传递到 Cloth 修改器:

① 设定的面板:选择此选项,将向上传递到堆栈的网格将面板置于/弯曲围绕在人体周围,就像这些面板是用户在面板的子对象模式中放置的一样。

② 保留的曲面:在开启"自动网格"和"保留"之后,单击"设置网格并保留"时,Garment Maker 将在堆栈顶部获取网格快照(应用 Cloth 之后)。在选择"保留的曲面"之后,此快照将在堆栈中向上传递。按照此方式,如果更改了密度值,网格将保留其变形。在取快照之后,在"面板"子对象层级,面板上的"使用保留的对象"复选框将被开启。这意味着可以在保持其变形的同时四处移动面板。注意在获取快照之后,Garment Maker 将自动选中"保留曲面"选项。

③ 平面面板:将所有面板显示为平面。此模式定义衣服顶点的纹理坐标,激活此输出模式后,可在"面板"子对象层级,通过移动和旋转面板来调整纹理坐标。

(6) 拉伸贴图坐标:启用之后,Garment Maker 将在定义纹理贴图坐标时使用原始样条线形状的边框,该框左下角始终指定为 UV 坐标(0,0)。如果启用"拉伸贴图坐标",左上角坐标为(1,1)。这将符合 3ds max 的位图纹理约定。如果该框为禁用,则右上角的坐标为(1,a)(a>1)或(a,1)(a>1),选中用于保留该框的比例。

在图 9.57 中,左图:"拉伸贴图坐标"开启;右图:"拉伸贴图坐标"禁用。

使用"体形"组中的控件指定要穿衣服的体形上每个面板的位置。

(1) [按钮]:默认情况下,单击标签为"无"的(None)按钮,然后单击要应用衣服的对象或体形。通常这是角色模型。此后,对象的名称显示在此按钮上。

(2) 在体形上标记点:单击 None 按钮(参见前面)指定一个体形之后,使用该控件指定体形上衣服中自动定位面板的位置。

单击"在体形上标记点"之后,该角色轮廓出现在每个视口的角中,如图 9.58 所示。角色轮廓允许标记定位面板的点。

当每个点都高亮显示为红色时,单击体形上的相应位置,三角轴架将出现在对象表面上,并且轮廓上的下一个点将高亮显示。在该过程中,您可以像往常一样处理视口,进行缩放、平移和自由旋转等。只要愿意,还可以继续单击点,右键单击视口或禁用该按钮。

注意:如果之后返回标记点,则禁用之前会再次启动该软件。

这些点以如下顺序高亮显示:上胸、骨盆、颈部、右肩、左肩、右手、左手。

设置这些点之后,可以使用"面板"子对象层级的面板位置和层级控件以自动放置面板。

2. "曲线"卷展栏

使用"曲线"子对象层级将图案面板缝合在一起。此外,还可以使用更多的面板三维表示连接"接合口"子对象模式中的接合口。"曲线"子对象层级为平面布局,对于比较复杂的图案非常实用。还可以创建和删除接合口,调整图案相互匹配的方式,如图 9.59 所示。

图 9.57　　　　　　　　图 9.58　　　　　　　　图 9.59

(1) 创建接合口：在两段之间创建接合口。选择要缝合在一起的面板的两个段(图 9.60)，然后单击“创建接合口”。这将在模拟时缝合在一起的两个面板之间创建接合口(图 9.61)。接合口显示为随机生成的颜色以区别于面板。

(2) 删除接合口：删除选中的接合口，(选中的接合口为红色)。

(3) 反转接合口：反转或翻转扭曲的接合口。

在创建接合口时，每个段上的第一个顶点用于将生成的接合口面板排成一行。如果结束时为接合口扭曲，则需要使用“反转接合口”来解除扭曲。

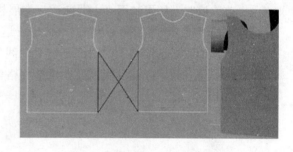

图 9.60　　　　　　　　　　　　　图 9.61

(4) 设为多段：多段是两个或多个段的组合，出于创建接合口的目的，多段将视为一个段处理。选择要组合的段，然后单击此按钮。注意如果这些段不连续，其间的间隙必须在多段可用于接合口之前通过接合口跨接。

(5) 断为多段：将所选的多段断开。

(6) 启用：开启或关闭选中的接合口，将其激活或取消激活。

(7) 折缝角度：在选定的接合口上创建折缝。角度值确定两个面板之间或沿着内部接合线折缝的目标角度。

图 9.62 左图为高折缝角度，右图为低折缝角度。

(8) 折缝强度：增减选定的接合口的强度。此值将影响接合口相对于布料对象其余部分的抗弯强度。值为 2.0 表示布料具有双倍的抗弯强度(通过“对象”→“面板”→“顶点组属性”定义)。

(9) 缝合刚度：指模拟时面板拉合在一起的力的大小。值较大将面板拉合在一起更结实和更快。

(10) 剪切：只适用于内部接合线，在此接合线处剪切织物。

(11) 接合口公差：指在形成接合口过程中，两边长度上允许的差异大小。构成接合口的两段长度应该基本相同。如果长度有差异，则差异必须在此公差范围之内。如果将两个长度明显不同的段接合在一起，布料将趋于聚成一团(这也可能是一种预期的效果)。要创建这样的接合口，需要增大接合口公差。默认值为 0.06，表明两段长度必须在对方长度的6%之内。

(12) 绘制接合口：在视口中显示接合口，关闭选项后将其隐藏。

(13) 显示网格：在视口中显示网格，或者在图案上将其隐藏。关闭此选项之后，网格将使用边界框表示。

3. "面板"卷展栏

"面板"子对象卷展栏是 Garment Maker 修改器的一部分，用于定位和弯曲图案面板，以匹配配对象或人体。在此还可以调整衣服的纹理贴图，如图 9.63 所示。

(1) 密度：控制所选面板的网格密度。该值作为"主要参数"卷展栏下"密度"设置的乘数。您可以增加此值来增加特定面板的密度。

更改该值时，如果禁用"主要参数"卷展栏中的"自动网格"，则转到"主要参数"卷展栏并单击"设置网格！"以更新网格。出于这一原因，建议将"自动网格"保留打开。唯一可能想禁用"自动网格"的时间是在"曲线"子对象层级创建接合口。由于重新网格化需要花费一些时间，因此可能需要在重新网格化之前定义众多接合口，如图 9.64 所示。

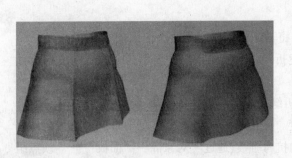

图 9.62

图 9.63

图 9.64

(2) 材质 ID：设置选定面板的材质 ID，使用此选项可以为衣服的所选部分指定不同的材质。

(3) "位置"组：包括以下选项。

① 重设：将选定的面板位置重置为其初始位置(即刚刚应用 Garment Maker 之后的位置)。

② 全部重设：将所有面板的位置重置为其初始位置。

(4) "变形"组：包括以下选项。

该组中的大多数控件只在选定一个或多个面板时可用。

① 重设：去除所选面板的变形(将其恢复到平面状态)。

② 全部重设：去除所有面板的变形。

③ 使用保留的对象：打开此选项，可覆盖"无"或"弯曲"变形选项。启用之后，面板将从保留的网格中而不是变形选项中获取其形状。

④ 无：将其面板设为平面。

⑤ 弯曲：在"曲率"字段中使用此值来弯曲面板。

⑥ 曲率：设置面板的弯曲量。该值越高，面板弯曲的程度就越大。

⑦ X 轴：将曲率轴设置为面板本地的 X 轴。

⑧ Y 轴：将曲率轴设置为面板本地的 Y 轴。

⑨ 面板位置：将选定面板移动到所单击的按钮指定的位置。这些位置由软件根据使用 Garment Maker 对象层级的标记图形上的点控件设置的位置确定。

⑩ 级别：设置面板顶部应该转到的位置。Garment Maker 从使用标记图形上的点控件指定的位置获得这些位置。

4. "接合口"卷展栏

在"接合口"子对象层级，可以定义和编辑接合口及其属性，具有相同功能的接合口作为曲线。但是在该层级，网格以三维显示而不是平面布局。而且，在该层级总是在添加或移除接合口时更新网格，如图 9.65 所示。

(1) 创建接合口：在两段之间创建接合口。选择要缝合在一起的面板的两个段，然后单击"创建接合口"，将在模拟时缝合在一起的两个面板之间创建接合口。

在图 9.66 中，左图：选中的段；右图：在两个部分之间创建的接合口。

图 9.65

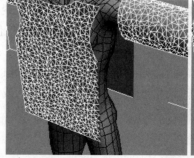

图 9.66

(2) 删除接合口：删除选中的接合口。(选中的接合口为红色)。

(3) 反转接合口：反转或翻转已经扭曲的接合口。在创建接合口时，每个段上的第一个顶点用于将生成的接合口面板排成一行。如果结束时为接合口扭曲，则需要使用"反转接合口"来解除扭曲。

需要反转的扭曲接合口如图 9.67 所示。

(4) 设为多段：多段是两个或多个段的组合，出于创建接合口的目的，多段将视为一个段处理。选择要组合的段，然后单击此按钮。注意如果这些段不连续，其间的间隙必须在多段可用于接合口之前通过接合口跨接。

(5) 断为多段：将所选的多段断开。

(6) 启用：开启或关闭选中的接合口，将其激活或取消激活。

(7) 折缝角度：在选定的接合口上创建折缝。角度值确定两个面板之间或沿着内部接合线折缝的目标角度。

图 9.68 左图为高折缝角度，右图为低折缝角度。

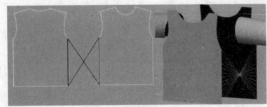
图 9.67

图 9.68

(8) 折缝强度：指定选定接合口的强度。此值将影响接合口相对于布料对象其余部分的抗弯强度。值为 2.0 表示布料具有双倍的抗弯强度(通过"对象"→"面板"→"顶点组属性"定义)。

(9) 缝合刚度：模拟时面板拉合在一起的力的大小。值较大将面板拉合在一起更结实和更快。

(10) 剪切：只适用于内部接合线。在此接合线处剪切织物。

(11) 接合口公差：在形成接合口过程中，两边长度上允许的差异大小。构成接合口的两段长度应该基本相同。如果长度有差异，则差异必须在此公差范围之内。如果将两个长度明显不同的段接合在一起，布料将趋于聚成一团(这也可能是一种预期的效果)。要创建这样的接合口，需要增大接合口公差。默认值为 0.06，表示两段长度必须在 6%之间。

(12) 删除全部：删除所有接合口。

(13) 绘制接合口：在视口中显示接合口，关闭选项后将其隐藏。

(14) 显示网格：在视口中显示网格，或者在图案上将其隐藏。关闭此选项之后，网格将使用边界框表示。

9.4　用 Cloth 制作连衣裙

本节将从头开始介绍为角色设计连衣裙的过程。

9.4.1　设计连衣裙

本节将引导您了解 Garment Maker 修改器的若干关键特性，以便设计用于创建衣服的图案。

本课程涉及的概念如下：

(1) 为图案绘制样条线。

(2) 将 Garment Maker 应用于图案。

(3) 使用多段样条线。

(4) 将 Garment Maker 面板定位于角色之上。

(5) 创建接合口。

1. 创建连衣裙图案

(1) 从人物服装和头发建模方法文件夹中加载"连衣裙 00.max"。

本场景包括将为之制作连衣裙的角色。

(2) 选择角色。下一步您将开始创建连衣裙的图案。首先，创建将构成连衣裙正面和背面的面板。

(3) 在"创建"面板上，单击"图形"→"线"，然后在"顶"视口中创建类似无袖裙子前片的样条线。它看起来就像是一件吊带，如图 9.69 所示。

接下来是为连衣裙创建袖子。袖子是一件较长的织物，由三个部分组成，上袖、收紧部、下袖。围绕手臂并在底部有接合口，将要连接到衬衫的袖子一端应弯曲，以便更好地匹配肩膀区域。

(4) 在顶视口中，创建匹配手臂长度的样条线袖子，其宽度约为手臂宽度的 3～4 倍以上，如图 9.70 所示。

(5) 复制袖子和连衣裙上衣前面板样条线，以便准备好前片、后片和两个袖子。此外，旋转左边的袖子，以便其保持正确的方向，如图 9.71 所示。

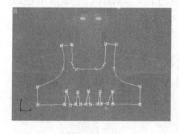
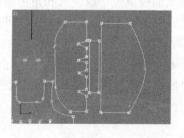
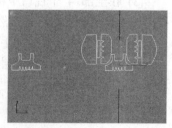

图 9.69　　　　　　　　　　图 9.70　　　　　　　　　　图 9.71

(6) 在顶视口中，创建连衣裙的中间腰带部分和下摆裙子，如图 9.72 所示。

接下来要组合所有的组件，然后将其缝合在一起。

(7) 使用"连接"功能将所有可编辑的样条线组合到一个对象。

为了应用 Garment Maker，作为一件衣服组成部分的所有面板都必须为同一对象的组成部分，这也是连接所有样条线的原因。接下来，将图案分成不同的段，以便可以将这些边缝合在一起。

(8) 在"顶点"子对象层级上，选择红色点的所有转角顶点，然后单击"断开"，如图 9.73 所示。

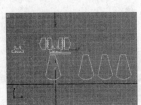

图 9.72   图 9.73

现在图案就绪，接下来就可应用 Garment Maker 修改器，将此 2D 样条线图案转换为 3D 网格。

(9) 选中样条线之后，转至"修改"面板，然后应用 Garment Maker 修改器。

将 Garment Maker 应用于闭合的样条线之后，这些样条线将填充到设计用于布料变形的不规则三角形网格中。

2. 将衬衫试穿到角色模型上

(1) 现在已经完成了图案的初期创建并确定了图案尺寸，下一步是定位围绕角色的图案面板。

(2) 转至 Garment Maker 修改器的"面板"子对象层级，然后选择构成连衣裙上衣后面的面板。

(3) 在全部 4 个视口中移动面板就位，以便其和角色前面对正。该面板需要和角色连衣裙的上衣在前视图对齐，然后用旋转工具旋转 180°，如图 9.74 所示。

(4) 将袖子面板移动到手臂上就位，如图 9.75 所示。

(5) 在"面板"子对象层级，选择一个袖子面板。在"面板"卷展栏的"变形"组中，选择"弯曲"单选按钮。将"曲率"值设置为-2.0，然后选择 Y 轴选项，如图 9.76 所示。

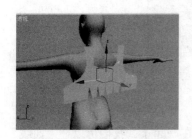

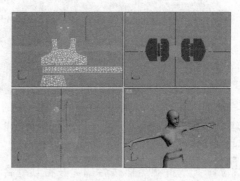

图 9.74   图 9.75   图 9.76

这将令袖子面板绕手臂弯曲。

(6) 使用"移动"和"旋转"工具,重新定位面板以便更加贴合手臂。

如果袖子的宽度不足以围绕手臂,则返回到堆栈的"可编辑样条线"层级,将其略微调宽。要使 Garment Maker 识别此更改,可在编辑样条线值之后在 Garment Maker 的"对象"卷展栏中上下调整"密度"滑块。

(7) 重复这些步骤弯曲另一支袖子,参考图 9.77 定位于类似位置。

(8) 在"面板"子对象层级,选择一个腰带。在"面板"卷展栏的"变形"组中,选择"弯曲"单选按钮。将"曲率"值设置为-1.29,然后选择 X 轴选项,如图 9.78 所示。这将令腰带面板绕腰弯曲。

(9) 使用"移动"和"旋转"工具,重新定位面板以便更加贴合腰,如图 9.79 所示。

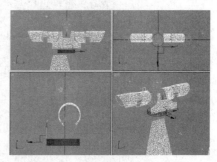

图 9.77   图 9.78   图 9.79

(10) 使用"移动"和"旋转"工具调节下摆裙子的位置,如图 9.80 所示。

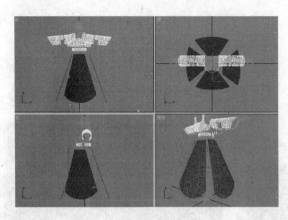

图 9.80

3. 制作连衣裙的接合口

所有面板均已就位，下一步就是作接合口，并将其缝合在一起了。我们可以在"曲线"和"接合口"子对象层级上作接合口。如果很清楚为何接合口需要连接，那么"曲线"层级是迅速作出接合口的好地方。但是，初次使用这一方法可能会有点令人困惑。因此，在此将使用"接合口"层级，以便提供可视化程度更高的反馈。

(1) 转至 Garment Maker 修改器的"接合口"子对象层级，选择连衣裙左肩上前面板上的边，边在选中之后将显示为红色。

(2) 按下并按住 Ctrl 键，然后在连衣裙的后面板上选择相应的边，在"接合口"卷展栏上，单击"创建接合口"。

如果出现"接合段不在公差范围之内"对话框，可在"接合口"卷展栏上增加接合口公差的值，得到的可能会是扭曲的接合口。如果出现这一情况，可单击"接合口"卷展栏上的"反转接合口"。

图 9.81 左图为扭曲的接合口，右图为正确对齐的接合口。

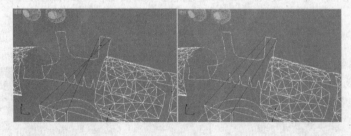

图 9.81

衣服的大部分接合口均可轻松如法炮制：选择两条边，然后单击"创建接合口"。

但是，在袖子和手臂孔之间创建接合口是个例外。此时涉及的是三个接合口，而不是两个接合口：臂孔的前半部分、臂孔的后半部分和袖子边本身。必须先将连衣裙上衣部分前、后片上的臂孔合并成为一个段，为此需要制作"多段"接合口。

(3) 在连衣裙上衣的前、后片上选择臂孔的两个段，此时选择刚刚制作肩部接合口的身体同一侧的段，这一点很重要。在选择两边之后，单击"接合口"卷展栏上的"设为多段"，如图 9.82 所示。

现在如果取消选择或选择前片段或后片段，两者都将被选中，因为 Garment Maker 现在将其视为一个段。

(4) 选择刚刚设定的多段，然后选择袖边。单击"创建接合口"连接袖子，如图 9.83 所示。

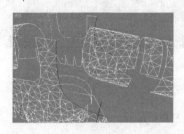

图 9.82

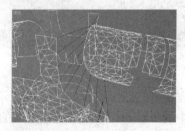

图 9.83

(5) 袖子上折缝，创建结合口，如图 9.84 所示。

(6) 袖子上折缝边与收紧段有多个线段，选择多段之后，单击"接合口"卷展栏上的"设为多段"，如图 9.85 所示。

(7) 选择刚刚设定的多段，然后选择收紧袖边。单击"创建接合口"连接两段袖子，如图 9.86 所示。

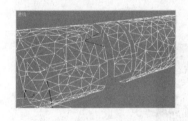

图 9.84

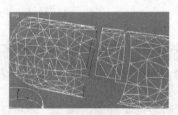

图 9.85

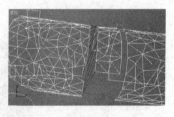

图 9.86

(8) 使用相同的方法创建主体的其他接合口。

切记先创建肩部接合口，然后再设定多段接合口。在处理多段接合口时，创建顺序很重要。如果尝试以错误的顺序创建接合口，可能会得到"接合线布局错误"的消息，同时无法创建接合口。在使用多段接合口时，创建匹配所要连接的另一部分布局的多段接合口所需的最少的接合口即可。此时，底部将会有一个手臂接合口为打开，同时在顶部和底部都有一个打开的多段。通过在肩部用接合口闭合多段的顶部，就已经创建了设定多段接合口所需的正确布局。

(9) 创建下摆裙子的"结合口"。首先把下摆的四片布料使用"移动"和"旋转"工具使之和身体对位，分别放在身体的正前、正后、正左、正右，如图 9.87 所示。

(10) 分别把四片裙下摆和腰带缝合起来。

注意：腰带部分下边与四片裙下摆分别连接的线段在创建的时候要先预知分开成四段，如图 9.88 所示。

图 9.87

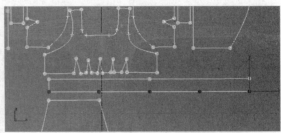
图 9.88

预先断开的四段线段如图 9.89 所示。

其中的一段和裙下摆的一块形成的连接口，如图 9.90 所示。

(11) 完成整个连衣裙的缝合，如图 9.91 所示。

图 9.89

图 9.90

图 9.91

总之，本节已经从标准样条线，通过应用 Garment Maker，在角色上定位以及创建用于将面板缝合在一起的接合口创建了连衣裙图案。下节将介绍如何令平面面板看起来更像是一件连衣裙。

9.4.2 设计连衣裙(第 2 部分)

本节将采用上节所创建的图案，应用 Cloth 开始将面板转换为连衣裙的。

其中涉及以下概念：

● 指定布料和冲突对象。

● 将接合口缝合在一起。

● 指定衣服属性。

● 运行本地模拟来试穿衣服。

(1) 从人物服装和头发建模方法文件夹中打开 "03.max"。

本场景包含前一节的角色以及将接合口放置就位的连衣裙图案。现在全部接合口在图案上放置就位，我们将向其添加 Cloth 修改器，以构成连衣裙的各个部分。

(2) 选择连衣裙对象，转到 "修改" 面板，对其应用 Cloth 修改器。

(3) 单击 "对象属性" 按钮，在 "对象属性" 对话框的左列，单击连衣裙项，然后选择右侧的 "Cloth" 单选按钮。这样就将该连衣裙设置为模拟中的布料对象了。

将对象设置为 Cloth 时，记录可调整的所有 Cloth 属性参数。这些参数可用于获取所需的织物类型，也可以使用预设值。

(4) 当连衣裙对象 "line03" 仍然在左列中高亮显示时，从 "预设" 下拉列表中选择 "棉质"。将所有 Cloth 属性设置为模拟棉。

如果现在要开始模拟，那么连衣裙将会掉在地板上，因为它目前是模拟中唯一的对象。此时需要添加其他用于布料的对象以产生冲突和交互。

(5) 在 "对象属性" 对话框，单击 "添加对象" 按钮，这将在场景中打开一个对象列表，如图 9.92 所示。

(6) 单击人物角色模型 line02，然后单击 "确定" 按钮。

向模拟添加对象，其实也就是将 Cloth 修改器对相应对象实例化。Cloth 模拟中的每个对象都将具有一个指定的 Cloth 修改器。在自行创建模拟时务必注意这一点。

(7) 在左侧栏中突出显示角色模型 line02 之后，单击靠近底部右侧的 "冲突对象" 单选按钮。

(8) 单击 "确定" 按钮，关闭 "对象属性" 对话框，然后设置参数。

此时已经设置了连衣裙像布料一样反应，并令角色模型 line02 的身体与其冲突和碰撞，现在即可将面板转换为连衣裙，此时采用的是本地模拟。

在模拟将衣服缝制在一起时，需要关闭 "重力" 按钮。

(9) 滚动到 "模拟参数" 卷展栏，然后单击 "重力" 按钮，以便令其不再突出显示并且不再为活动。

(10) 在 "透视" 视口，放大一点近看连衣裙；在 Cloth 修改器中，转至 "对象" 卷展栏，然后单击 "模拟本地"。在接合口将连衣裙大部接合在一起时，按下 Esc 键停止模拟，如图 9.93 所示。

(11) 如图 9.93 所示，接合在一起的面板将悬垂于角色 line02 之上。但是，缝合口并未合并在一起构成一件衣服，绿色的缝合弹簧仍然可见。为了让缝合口完全配合在一起，需要再执行一项操作。

(12) 在 "模拟参数" 卷展栏上，关闭 "使用缝合弹簧"，此时绿线将会消失。

(13) 再次打开 "重力"，然后回到 "对象" 卷展栏，再次单击 "模拟本地" 按钮。

(14) 运行模拟直至衣服贴身，令人满意，然后再按 Esc 键停止模拟。

现在连衣裙就完工了。接下来，可以设置角色动画，然后在动画中模拟布料，如图 9.94 所示。

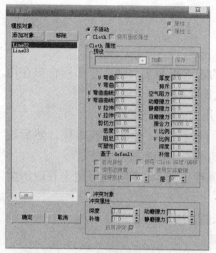
图 9.92

图 9.93

图 9.94

(15) 将文件保存为 "03.max"。

9.5 头发建模

本节将介绍如何对如今视频游戏中的相似角色头发建造模型，介绍时会采取大家普遍使用的"多边形"建模的方法，使用此创建方法几乎可以建造任何东西的模型。

知识点：

(1) 从简单对象(如平面)创建各种各样的复杂图形。

(2) 变换可编辑多边形子对象来微调模型外形。

创建头型基本体。

(1) 加载位于人物服装和头发建模方法下的"00.max 文件"。这是个少女的头部模型，我们将为她设计头发。

(2) 在顶视口中，对少女的头部进行放大。

(3) 打开"创建"菜单，选择"标准基本体"→"平面"。

(4) 创建要用做头发的平面。将"长度分段"设置为 3 个单位,将"宽度分段"设置为 2 个单位。不必设置得太精确,稍后将调整此长方体的内部组件,如图 9.95 所示。

(5) 用 ↻ 缩放和 ✛ 移动工具进行调节,如图 9.96 所示。

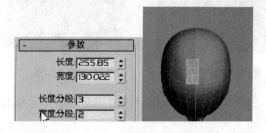

图 9.95　　　　　　　　　　　　　　　　　图 9.96

(6) 在平面上用鼠标右键,把它转换成可编辑多边形。

(7) 进入顶点层级,调节各点的位置,如图 9.97 所示。

(8) 进入"边"层级,在顶视图配合 shift 键进行复制扩展。注意在各个视图和头部形状的搭配调节?如图 9.98 所示。

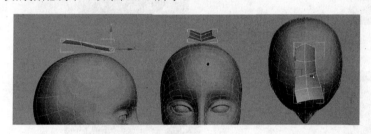
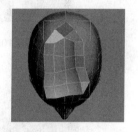

图 9.97　　　　　　　　　　　　　　　　　图 9.98

(9) 在前视图,进入"顶点"层级,根据头型调节各点的位置,如图 9.99 所示

(10) 进入"边"层级,调节头发走势,向前包裹头皮,如图 9.100 所示。

(11) 进入"顶点"层级,分别选择向前走势的 3 个面的连接点,使用"断开"命令使它们断开,以便做出前面刘海的造型,如图 9.101 所示。

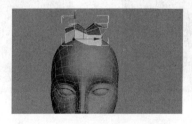

图 9.99　　　　　　　　图 9.100　　　　　　　　图 9.101

(12) 进入"边"层级,按住 shift 键拖拉边,根据头发的走势扩展发型。适当的时候可以进入"顶点"层级,配合头型进行点的移动,如图 9.102 所示。

(13) 在侧视图调节各顶点的位置,使之和头部造型配合,如图 9.103 所示。

(14) 继续使用"边"层级,配合 shift 键复制延伸造型,如图 9.104 所示。

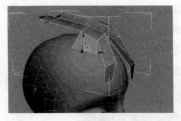

图 9.102　　　　　　　　　图 9.103　　　　　　　　　图 9.104

(15) 在"边"层级选中如图 9.105 所示的边，配合 shift 键，使用 缩放工具进行复制延伸造型。最终效果，如图 9.106 所示。

(16) 切换视图，使用 移动工具，沿 Y 轴向下拉动刚复制出来的平面，如图 9.107 和图 9.108 所示。

图 9.105　　　　　　　　　　　　　图 9.106

图 9.107　　　　　　　　　　　　　图 9.108

(17) 切换各个视图，进入"顶点"层级调节各点的位置和头发造型，如图 9.109 所示。

(18) 进入"边"层级，配合 shift 键复制拖拉出刘海部分的造型，如图 9.110 所示。

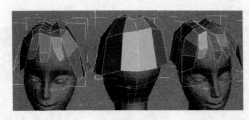

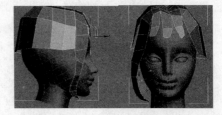

图 9.109　　　　　　　　　　　　　图 9.110

(19) 进入"边"层级，配合 shift 键复制拖拉出刘海部分的造型，如图 9.111 所示。

(20) 进入"边"层级，配合 shift 键复制拖拉出背后头发部分和侧面两股细发的造型。如图 9.112 和图 9.113 所示。

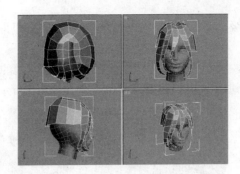

图 9.111

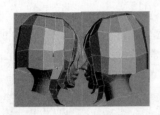

图 9.112

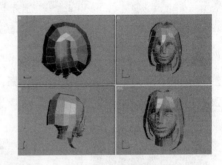

图 9.113

(21) 继续在"边"层级，配合 shift 键复制拖拉出背后头发部分造型，如图 9.114 所示。

(22) 进入"顶点"层级，焊接部分点，用以更好地造型，如图 9.115 所示。

(23) 进入"边"层级，配合 shift 键复制拖拉造型。如有需要您可进入"顶点"层级对复制拖拉出来的造型进行调节，如图 9.116 所示。

图 9.114

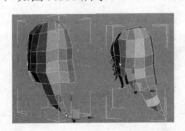

图 9.115

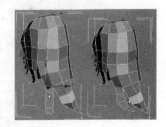

图 9.116

(24) 进入"边"层级，对部分头发片造型配合 shift 键进行复制拖拉造型，如图 9.117 所示。

图 9.117

(25) 进入"顶点"层级，调节各点，使之更服帖头的模型和头发本身造型，如图 9.118 所示。

(26) 进入"边"层级，对部分头发片造型配合 shift 键进行复制拖拉造型。同时可使用 缩放工具和 旋转工具进行大小和角度的调节，如图 9.119 所示。

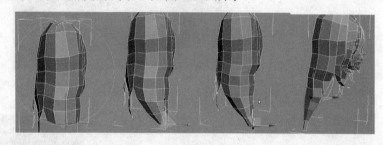

图 9.118

图 9.119

(27) 进入"顶点"层级，使用软选择，对头发发尾造型进行调节，如图 9.120 所示。

(28) 进入"边"层级，对部分头发片造型配合 shift 键进行复制拖拉造型，如图 9.121 所示。

图 9.120

图 9.121

(29) 进入"顶点"层级，调节各顶点的位置，使之符合造型的需要，如图 9.122 所示。

(30) 进入"顶点"层级，使用"切割"命令，细化头发模型，如图 9.123 所示。

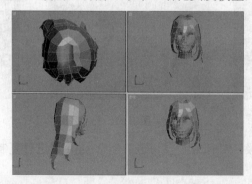

图 9.122

图 9.123

(31) 进入"边"层级，选择刚刚用"切割"工具创建出来的三条切割线，在顶视图使用缩放工具等距离扩大一段距离，创建头发的一股股的感觉，如图 9.124 所示。

(32) 进入"顶点"层级，使用"切割"命令，创建切割线细化模型，如图 9.125 所示。

图 9.124

图 9.125

(33) 进入"边"层级，选择刚刚用"切割"工具创建出来的线，在透视视图使用缩放工具等距离扩大一段距离，创建头发的一股股的感觉，如图 9.126 所示。

(34) 进入"边"层级，选择一条边线，进入修改面板"选择—环形"即可选中平行的一排边，如图 9.127 所示。

(35) 使用"连接"命令，创建一条线连接环形线段，如图 9.128 所示。

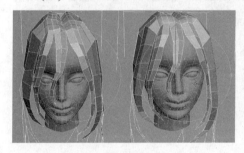

图 9.126

图 9.127

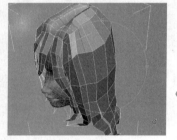

图 9.128

(36) 使用同样的方法把头发后面的模型细化，如图 9.129 所示。

(37) 进入"边"层级，选择刚刚用"切割"工具创建出来的线，在顶视图使用缩放工具等距离扩大一段距离，创建头发的一股股的感觉，如图 9.130 所示。

图 9.129

图 9.130

(38) 为头发模型添加"涡轮平滑"修改器，如图 9.131 所示。

图 9.131

(39) 将文件保存为"头发 01.max"。

本 章 小 结

本章介绍了使用"多边形"建模的方法，需要您有很强的空间感。使用"边"的"环形"等方法选择边线来造型，在"点"层级能有效地运用"软选择"对造型进行细致的调节。

习 题

名词解释

1．缝合
2．软选择
3．缝合弹簧

简答题

1．Garment Maker 修改器的主要功能是什么？
2．请陈述 Cloth 修改器中，"模拟本地"、"模拟本地(阻尼)"和"模拟"三者的联系和区别。
3．什么是 Cloth 模拟技术？

参 考 文 献

[1] [匈]耶诺·布尔乔伊. 艺用人体解剖[M]. 毛保诠，译. 北京：中国青年出版社，2003.

[2] 陈静晗，孙立军. 影视动画动态造型基础[M]. 北京：海洋出版社，2007.

[3] 谭东芳. 丁理华. 动漫造型设计[M]. 北京：海洋出版社，2008.

[4] 陈孟昕. 动画造型[M]. 武汉：武汉理工大学出版社，2005.

[5] 吴冠英. 动画造型设计[M]. 北京：清华大学出版社，2003.

[6] 陈启耀. 3D 电脑动画的超现实与意象研究与创作[D]. 台北：国立台湾艺术大学多媒体动画艺术学系新媒体艺术研究所，2005.

[7] 曹巍丹. 中国传统民族服饰艺术在角色设计中的运用研究[D]. 昆明：昆明理工大学，2005.

[8] 张蕾蕾. 影视动画中的民族元素[D]. 长春：吉林大学，2006.